Verhandeln

Sicher, kreativ, erfolgreich

Prof. Dr. Barbara Schott

3. Auflage

Bibliografische Information der Deutschen Bibliothek
Die Deutsche Bibliothek verzeichnet diese Publikation in der Deutschen Na-
tionalbibliografie; detaillierte bibliografische Daten sind im Internet über
http://dnb.ddb.de abrufbar.

ISBN-10: 3-448-07284-2
ISBN-13: 978-3-448-07284-6
Bestell-Nr. 00655-0003

1. Auflage 2000 (ISBN 3-86027-346-9)
2., überarbeitete Auflage 2002 (ISBN 3-448-04980-8)
3., durchgesehene Auflage 2006

© 2006, Rudolf Haufe Verlag GmbH & Co. KG, Niederlassung Planegg/München
Postanschrift: Postfach, 82142 Planegg
Hausanschrift: Fraunhoferstraße 5, 82152 Planegg
Fon (0 89) 8 95 17-0, Fax (0 89) 8 95 17-2 50
E-Mail: online@haufe.de
Internet: www.haufe.de
Lektorat: Jutta Cram, Dr. Ilonka Kunow
Redaktion: Jürgen Fischer
Redaktionsassistenz: Christine Rüber

Satz + Layout: Sylvia Braun, 81476 München
Umschlaggestaltung: Agentur Buttgereit & Heidenreich, 45721 Haltern am See
Cartoons: BAASKE CARTOONS, 79379 Müllheim: Michael Ammann,
Oswald Huber (3), Erik Liebermann (2), Klaus Puth, Jan Tomaschoff
Druck: freiburger graphische betriebe, 79108 Freiburg

Zur Herstellung der Bücher wird nur alterungsbeständiges Papier verwendet.

TaschenGuides – alles, was Sie wissen müssen

Für alle, die wenig Zeit haben und erfahren wollen, worauf es ankommt. Für Einsteiger und für Profis, die ihre Kenntnisse rasch auffrischen wollen.

Sie sparen Zeit und können das Wissen effizient umsetzen:

Kompetente Autoren erklären jedes Thema aktuell, leicht verständlich und praxisnah.

In der Gliederung finden Sie die wichtigsten Fragen und Probleme aus der Praxis.

Das übersichtliche Layout ermöglicht es Ihnen sich rasch zu orientieren.

Anleitungen „Schritt für Schritt", Checklisten und hilfreiche Tipps bieten Ihnen das nötige Werkzeug für Ihre Arbeit.

Als Schnelleinstieg die geeignete Arbeitsbasis für Gruppen in Organisationen und Betrieben.

Ihre Meinung interessiert uns! Mailen Sie einfach unter online@haufe.de an die TaschenGuide-Redaktion.

Wir freuen uns auf Ihre Anregungen.

4

Inhalt

Vorwort

Woran denken Sie, wenn Sie das Wort „Verhandeln" hören? An Gehaltsverhandlungen? An Koalitionsverhandlungen? An Gerichtsverhandlungen? Oder auch an die alltäglichen Diskussionen im Familien- und Freundeskreis: Wohin soll der Urlaub gehen? Was essen wir heute? Wie werden die Aufgaben im Haushalt verteilt? Verhandlungssituationen sind äußerst vielfältig. Und je bedeutender der Verhandlungsgegenstand, je stärker der Verhandlungspartner, desto nervöser sehen wir dieser Situation entgegen, desto unsicherer werden wir.

Dieser Taschenguide will Ihnen helfen, Verhandlungssituationen zu bestehen – und gut zu bestehen! Er zeigt Ihnen, wie Sie sich auf das Gespräch vorbereiten, wie Sie Stress abbauen und eine angenehme Gesprächsatmosphäre schaffen. Sie lernen Kommunikationstechniken kennen und erfahren, wie Sie aus festgefahrenen Situationen herausfinden. Sie gewinnen Sicherheit darüber, wann es Zeit ist einzulenken und wann Sie besser standhaft bleiben. Das Ziel ist eine befriedigende Lösung für alle Beteiligten – nicht zuletzt auch für Sie!

Die vielen und vielfältigen Beispiele und Checklisten führen Sie direkt in die Praxis und wappnen Sie für die unterschiedlichsten Verhandlungssituationen. Sie werden sehen: Richtig Verhandeln ist gar nicht so schwierig.

Prof. Dr. Barbara Schott

Warum verhandeln?

So vielfältig die Menschen sind, so widersprüchlich sind auch ihre Ansichten und Wünsche. Trotzdem leben wir einigermaßen friedlich zusammen. Wie kann das gehen? Ganz einfach: Weil wir die Fähigkeit besitzen miteinander zu verhandeln!

Unterschiedliche Interessen vereinbaren

Was wäre die Welt ohne Verhandlungen?

Jeder von uns hat unterschiedliche Interessen, verfolgt verschiedene Ziele. Da liegt es auf der Hand, dass es im sozialen Miteinander nicht ohne Interessenkonflikte abgeht. Ob nun im Verkaufsgespräch der Verkäufer einen möglichst hohen und der Kunde einen möglichst niedrigen Preis erzielen will, oder ob die erholungs- und ruhebedürftige Ehefrau ihrem tatendurstigen Ehemann das Rasenmähen am Samstagnachmittag verbieten möchte – immer müssen Kompromisse gefunden werden. Und am besten solche, mit denen alle Beteiligten leben können und die sie im Idealfall nicht einmal als Kompromiss, sondern als Erfolg für sich werten.

Kreative Vielfalt bringt Bewegung

Sicher haben auch Sie schon Situationen erlebt, in denen Ihr Gegenüber einfach stur sagte: „Entweder das oder gar nichts!" oder: „Wenn wir das nicht so machen, dann machen wir es halt überhaupt nicht!" Vielleicht waren Sie ja auch selbst schon einmal in einer Stimmung, in der Sie Ihre Vorstellung genau so und nur so verwirklicht sehen wollten, wie Sie sich das ausgemalt haben – und jeden Kompromiss als persönliche Niederlage betrachtet hätten.

Beispiel

Herr und Frau Schulz haben ein schönes langes Wochenende vor sich und würden gerne einen kleinen Kurzurlaub machen. Herr Schulz wandert für sein Leben gern und möchte wieder in den netten kleinen Ort in den Bergen, wo sie schon seit Jahren hinfahren. Frau Schulz hingegen sehnt sich nach ein bisschen Abwechslung und schlägt eine Busreise nach Paris vor. Herr Schulz lehnt dieses Ansinnen kategorisch ab: „Das kommt doch überhaupt nicht in Frage! Ich habe ein paar Tage Erholung nötig. Entweder wir fahren in die Berge oder wir bleiben ganz daheim!"

Was ist die Folge eines solchen Verhaltens, einer solchen Nicht-Bereitschaft zur Verhandlung?

Eine Möglichkeit wäre natürlich, dass Frau Schulz der sturen Forderung nachgibt, damit sie überhaupt einmal aus dem Haus kommt. Während ihr Mann sich auf seine Wanderungen freut, nagt die Enttäuschung immer mehr in ihr, was sich letztlich in permanent schlechter Laune bei ihr ausdrückt. Das Wochenende können beide nicht genießen.

„Also schön, wir fahren in den Ferien ins Gebirge!"

Die andere Möglichkeit wäre, dass die Alternative „gar nichts"
zum Tragen kommt. Beide sitzen das Wochenende über zu
Hause und stellen sich vor, wie schön es doch gerade an ihrem
jeweiligen Wunschziel wäre. Glücklich ist keiner von ihnen.

Eines ist beiden Alternativen gemein: Sie führen zu Frustration und Unzufriedenheit. Dabei hätte es mit ein wenig Ver-
handlungswillen auf beiden Seiten doch so viel anders kommen können.

Beispiel

Herr Schulz kann verstehen, dass seine Frau einmal woanders hin fahren
will. Aber auf seine Wanderungen will er nicht verzichten. Er schlägt vor,
zwei Tage nach Wien zu fahren und dann noch zwei Tage wandern zu gehen, bevor sie wieder nach Hause fahren. In Wien waren die beiden auch
noch nie. Die Neugierde bei Frau Schulz ist geweckt und sie ist einverstanden. Allerdings möchte sie auch in den Bergen mal etwas anderes sehen. Sie lässt sich verschiedene Prospekte aus anderen Gegenden nach
Hause schicken, von denen einer ihren Mann sehr anspricht. Das Wochenende ist gelungen.

Gerade sehr widersprüchliche Positionen fordern die Kreati-
vität der Verhandlungspartner heraus. In ihnen liegt eine
große Chance. In solchen Situationen sind sowohl Sie als auch
Ihr Partner gezwungen, das Problem mit anderen Augen und
unter einem anderen Blickwinkel zu sehen. Plötzlich tun sich
Möglichkeiten auf, an die Sie bisher nicht gedacht haben und
die sehr reizvoll sein können. Bewegung statt Stillstand. Nutzen Sie diese Chance und verhandeln Sie!

Die Situation analysieren

Bevor Sie nun aber voller Euphorie an die Vorbereitung der Verhandlung gehen, sollten Sie noch einige Überlegungen zu Ihrer augenblicklichen Situation anstellen.

Welche Alternativen haben Sie?

Verhandeln ist nicht immer sinnvoll. Manchmal ist es tatsächlich der bessere, weil zeitsparendere Weg, sich gar nicht erst auf eine Verhandlung einzulassen.

> ■ Dies gilt insbesondere auch dann, wenn Sie wissen, dass der Verhandlungspartner in der augenblicklichen Situation nur blockieren wird. ■

Bevor Sie verhandeln, prüfen Sie generell, ob Sie attraktive Alternativen haben – und sich eine Verhandlung dadurch schon erübrigt. Beantworten Sie folgende Fragen:

- Mit welchen alternativen Maßnahmen könnte ich mein Ziel erreichen?
- Könnte ich mein Ziel mit anderen Partnern genauso gut oder sogar besser erreichen?
- Was hat der ausgewählte Verhandlungspartner eigentlich Einzigartiges? Könnte ich das nicht in anderer Form einfacher bekommen?

Beispiel
Ein Produktmanager hat sich Jahre erfolgreich für seinen Bereich eingesetzt und möchte eine verantwortungsvollere Position. Sein Abteilungsleiter teilt ihm mit, dass seine Arbeit sehr geschätzt wird, für ihn aber erst

in zwei Jahren ein größerer Arbeitsbereich mit mehr Verantwortung frei wird.

Als seine besten Alternativen stehen ihm zur Auswahl:

– zum Vorstand gehen,
– einen neuen Bereich im Unternehmen aufbauen,
– sich in der Firma in anderen Abteilungen umsehen,
– einen neuen Arbeitgeber suchen.

Bedenken Sie auch die möglichen Alternativen Ihres Verhandlungspartners. Nur so können Sie einschätzen, wie realistisch Ihre Ziele durchzusetzen sind und ob es sich lohnt, diese Verhandlung zu führen.

> ■ Verhandeln bedeutet Zeit- und Energieeinsatz. Prüfen Sie an Ihren Zielen, ob Ihnen eine Verhandlung mehr Vorteile bringen kann als Ihre beste Alternative. ■

Ist der Zeitpunkt günstig?

Nicht nur das Thema, auch der Zeitpunkt der Verhandlung spielt eine wichtige Rolle. Lassen Sie sich auf keinen Fall auf Verhandlungen ein, wenn Sie oder Ihr Partner gerade verärgert sind und das Thema aus lauter Wut auf den Tisch bringen. Impulsive Verhandlungen sind meist sehr schlechte Verhandlungen und führen letztendlich nur zum Streit und nicht zu einer Zwei-Gewinner-Lösung (siehe unten).

Ein anderes Problem stellt sich, wenn einer der Verhandlungspartner unter Zeitdruck steht. Für ihn ist im Augenblick das primäre Ziel, die Verhandlung möglichst schnell zum Ende zu bringen. So kommt man wohl schnell zu einer Vereinbarung, dauerhaft wird sie aber nicht sein. Sobald ein wenig Zeit zum Nachdenken war, wird der unter Zeitdruck stehende Verhandlungspartner einen Rückzieher machen und die Diskussion von vorn beginnen wollen.

Die folgende Checkliste gibt Ihnen einen Überblick, wann Sie verhandeln sollten und wann besser nicht.

Checkliste: Verhandeln oder nicht?

	ja	nein
Sind Sie auf die Verhandlung vorbereitet?		
Sind Sie in einer ruhigen Stimmung, in der Sie sachlich verhandeln können?		
Ist Ihr Verhandlungspartner in einer ruhigen Stimmung?		
Ist der Zeitpunkt günstig, so dass kein Zeitdruck entsteht?		
Haben Sie sich Gedanken über Ihre beste Alternative gemacht?		
Erhoffen Sie sich von der Verhandlung mehr als von Ihrer besten Alternative?		
Haben Sie sich Gedanken über die beste Alternative Ihres Verhandlungspartners gemacht?		
Glauben Sie, dass Ihr Verhandlungspartner in Anbetracht seiner besten Alternative an einer erfolgreichen Verhandlung interessiert ist?		

Wenn Sie auch nur einen Punkt mit Nein beantwortet haben, sollten Sie sich ernsthaft fragen, ob die Verhandlung – zumindest zu dem gegebenen Zeitpunkt – wirklich sinnvoll ist oder ob Sie Ihre Zeit und Energie nicht besser anderweitig einsetzen.

Streit führt selten zum Ziel

Was ist eigentlich der Unterschied zwischen einem Streit und einer Verhandlung?

Genau genommen ist auch ein Streit eine Verhandlung, nur keine sehr produktive. Bei beiden Kommunikationsformen verfolgen die Gesprächspartner jeweils ein Ziel, das demjenigen des anderen nicht hundertprozentig entspricht oder ihm gar entgegensteht. In beiden Fällen versucht jeder das Beste für sich herauszuholen, sich durchzusetzen. Beidesmal werden Argumente vorgebracht und es wird versucht die Argumente des anderen zu widerlegen.

Kennzeichen eines Streits sind die folgenden:

- Beide Streitpartner möchten sich auf jeden Fall durchsetzen und bestehen auf ihrem Standpunkt.
- Man selbst hat Recht, der andere Unrecht.
- Die Stimmen werden laut, Tonfall und Gesichtsausdruck aggressiv.
- Am Ende des Streits gibt es mindestens einen Verlierer.

Wer ist Gewinner?

Gewinner bei einem Streit sind selten. Selbst derjenige, der vordergründig als Sieger aus dem Streit hervorgeht, wird nicht lange Vergnügen an dieser „Einigung" haben. Das Klima untereinander ist vergiftet, der Verlierer wird so bald wie möglich versuchen, den Streit von neuem zu entfachen und das Ergebnis in die von ihm favorisierte Richtung zu lenken.

Auch wenn ein berühmtes Sprichwort sagt: „Der Klügere gibt nach", ist ein Nachgeben bei einem Streit doch häufig mit einem Gesichtsverlust verbunden – insbesondere wenn der Streit schon sehr lange andauert und/oder besonders heftig verläuft. Fatal ist auch, wenn es Zuschauer gibt, die auf den Ausgang des „Machtkampfs" gespannt sind – so wird sich keiner der Kontrahenten die Blöße geben wollen, den Kürzeren zu ziehen.

Gegenseitiger Respekt und Achtung sind bei einem Streit so gut wie nie anzutreffen. Keinem der Streitpartner ist es wichtig den anderen „in Würde" aus dem Streit gehen zu lassen. Wichtig ist nur der Sieg.

Rechtzeitig die Notbremse ziehen

Lassen Sie es, wenn möglich, auf einen Streit gar nicht erst ankommen. Wenn Sie spüren, dass die Emotionen hochschlagen, dass Sie selbst oder der andere zu sehr erregt sind, um die Sache ruhig verhandeln zu können, ziehen Sie lieber die Notbremse.

Beispiel

Sie haben gerade ein Telefongespräch mit einem verärgerten Kunden hinter sich. Außerdem werden Sie schon den ganzen Tag mit Kopfschmerzen geplagt. Plötzlich kommt Ihr Chef herein und beginnt ein Gespräch mit den Worten: „Wir müssen unbedingt nochmal über die Verwaltung unserer Kundendaten reden. Ich habe gerade in die Datei geschaut und musste feststellen, dass sie schon wieder nicht auf dem aktuellsten Stand ist!"

Der Vorwurf geht eindeutig an Ihre Adresse. Sie wissen: Wenn Sie sich in dieser Situation auf dieses Thema einlassen, rasten Sie im wahrsten Sinne des Wortes aus. Also atmen Sie einmal tief durch und antworten: „Gut, dass Sie dieses Thema ansprechen. Ich wollte da auch schon länger mal mit Ihnen reden. Aber muss es unbedingt jetzt gleich sein? Heute passt es mir nämlich nicht so gut, ich muss noch das Angebot an Müller & Schulze fertig machen. Hätten Sie vielleicht morgen gleich vormittags Zeit?"

Mit Sätzen wie diesen können Sie die Notbremse ziehen, ohne dass Ihr Partner sich vertröstet oder nicht ernst genommen fühlt:

- „Ich glaube, für dieses Thema sollten wir uns wirklich Zeit nehmen. Im Augenblick bin ich aber ziemlich auf dem Sprung. Wie wäre es mit heute Nachmittag, sagen wir 16.00 Uhr?"

- „Ja, dieses Thema beschäftigt mich auch schon eine ganze Weile. Ich finde es gut, dass Sie es endlich auf den Tisch bringen. Nur im Augenblick passt es mir nicht so gut. Ich bin mit Herrn Schulz verabredet, der jeden Augenblick kommen kann. Was halten Sie von morgen früh, 9.00 Uhr?"

- „Oh, das kommt für mich ziemlich überraschend. Aber du hast Recht, wir müssen unbedingt darüber reden. Ich muss aber erst mal meine Gedanken ein wenig ordnen. Können wir in einer Stunde sprechen?"

- „Gut, dass Sie das ansprechen. Diese Sache liegt mir ehrlich gesagt auch ziemlich im Magen. Und sie ist mir zu wichtig, als dass wir sie jetzt hier so zwischen Tür und Angel besprechen. Wie wäre es, wenn wir das Ganze heute in Ruhe beim Mittagessen klären?"

Die Zwei-Gewinner-Lösung

Bei Verhandlungen muss keiner der Beteiligten unterlegen sein. Im Gegenteil: Wenn sich beide für das Ziel des Partners öffnen und aufgrund ihrer Offenheit ein neues, gemeinsames Ziel finden, gehen sie beide zufrieden und als Gewinner aus der Verhandlung heraus. Um zu solch einer „Zwei-Gewinner-Lösung" zu kommen, müssen Sie allerdings einige Dinge beachten.

Menschen und Probleme trennen

Verhandlungen werden auf zwei Ebenen geführt:

- auf der Ziel- oder Sachebene und
- auf der Beziehungsebene.

Hier lautet eine Leitformel, die Sie unbedingt beherzigen sollten: „Menschen und Probleme trennen!" Sobald die beiden Ebenen miteinander vermischt werden, laufen Sie Gefahr, dass die Verhandlung unsachlich wird und aus dem Ruder gerät.

Finden Sie beispielsweise Ihr Gegenüber ausgesprochen sympathisch, so möchten Sie selbstverständlich gerne die gute Beziehung aufrechterhalten. Doch verwechseln Sie das bitte nicht damit, in den einzelnen Verhandlungspunkten grundsätzlich nachzugeben, „sich lieb Kind zu machen", wie es so schön heißt. Das hieße falsche Rücksicht zu nehmen.

Sofern Sie in Ihrer Argumentation zur Durchsetzung Ihrer Ziele sachlich bleiben und auch offen für Zugeständnisse sind (wo sie Sinn machen!), wird die Verhandlungsatmosphäre nicht leiden. Im Gegenteil: Dadurch, dass Sie Ihren Standpunkt vertreten, werden Sie von der anderen Seite überhaupt erst ernst genommen.

Wenn Sie umgekehrt eine große Abneigung gegen Ihren Verhandlungspartner hegen, dürfen Sie nicht Ihren Verhandlungsgegenstand und Ihre Ziele aus den Augen verlieren, bloß um ihm „eins auszuwischen". Versuchen Sie, Ihre Abneigung zu vergessen, auch wenn es schwer fällt. Nehmen Sie Ihren Verhandlungspartner und dessen Ziele und Interessen ernst. Unfaires Verhalten in der Verhandlung wird, selbst wenn Sie sie zu einem erfolgreichen Abschluss bringen, immer auf Sie zurückfallen.

■ Als Motto gilt: Hart in der Sache verhandeln bei hohem Respekt für die Interessen, Wünsche und Motive der anderen Person. ■

Nur eine gemeinsame Lösung ist eine gute Lösung

Im Hinblick auf eine Zwei-Gewinner-Lösung sollten Sie Ihren Verhandlungspartner nicht als Gegner, sondern als eine Art Partner in einem Problemlösungsteam sehen.

Sie kennen das Phänomen: Eine Lösung, an der Sie selbst mitgearbeitet haben, die Sie selbst mitentwickelt haben, können Sie wesentlich besser akzeptieren als eine solche, die Ihnen in irgendeiner Form von außen „aufgedrückt" wurde.

Beispiel
Ihre Kollegin ist arbeitsmäßig völlig überlastet. Verzweifelt wendet sie sich an Sie: „Ich weiß überhaupt nicht mehr, wie ich das alles heute noch schaffen soll! Da kommt ja wirklich alles auf einmal! – Aber du hast doch heute ein bisschen Luft. Ich gebe dir mal diese Unterlagen hier. Ich wäre dir wirklich dankbar, wenn du das für mich erledigen könntest!" Mit diesen Worten knallt sie Ihnen wie selbstverständlich einen Stoß Papier auf den Schreibtisch.

Haben Sie, nachdem Sie derart vor vollendete Tatsachen gestellt wurden, wirklich Lust, Ihrer Kollegin zu helfen? Sicher nicht so sehr, als wenn Sie ihr von sich aus Hilfe angeboten hätten!

Beziehen Sie also auf alle Fälle die Motive und Interessen Ihrer jeweiligen Verhandlungspartner in Ihre Überlegungen mit ein.

Im obigen Beispiel hätte es ganz anders ausgesehen, wenn Ihre Kollegin Sie nach dem ersten Stöhnen über die viele Arbeit erst einmal Hilfe suchend angesehen hätte – gesetzt den Fall, Sie haben untereinander ein gutes Verhältnis. Vielleicht hätte Ihr Mitgefühl für sie Ihnen dann gleich das ersehnte Angebot entlockt, ihr ein wenig von der Arbeit abzunehmen.

Wenn nicht, hätte Ihnen vielleicht eine „unschuldige" Frage wie: „Hast du heute auch so viel zu tun?" auf den Sprung geholfen. Vielleicht hätte sie Ihnen auch als Dank dafür, dass Sie sie in ihrer Arbeit unterstützen, anbieten können, Ihnen ein anderes Mal auch etwas abzunehmen. All diese Lösungen wären auf jeden Fall besser gewesen als Sie einfach zu „überfahren".

Im folgenden Kapitel erhalten Sie viele Hinweise darauf, wie Sie sowohl Ihre Ziele als auch die Interessen Ihres Verhandlungspartners ermitteln. Damit und mit den vielen Tipps zur Kommunikation im dritten Kapitel steht Ihnen das Handwerkzeug zur Erzielung einer Zwei-Gewinner-Lösung zur Verfügung.

Die Verhandlung optimal vorbereiten

Wo stehe ich? Wo steht der andere? Wo genau will ich hin? Diese Fragen im Vorfeld zu klären ist genauso wichtig, wie alle sachlich relevanten Informationen einzuholen. Gründlich vorbereitet können Sie souverän in die Verhandlung gehen.

Ohne Ziel geht nichts

„Wer schon den Hafen nicht kennt, in den er segeln will, für den ist kein Wind günstiger" (Seneca). Sind wir uns erst einmal über unsere Ziele im Klaren, wird auch deutlich, in welche Richtung die Verhandlung gehen soll. Mit unserer zielorientierten Denkweise setzen wir die Segel so, dass wir eine neue Vereinbarung konstruktiv erreichen. Auch wenn wir auf Hindernisse stoßen, sozusagen in eine Schlechtwetterfront geraten, verlieren wir weder die Zwei-Gewinner-Lösung noch den Zielhafen aus den Augen.

Eine gedankliche Überlegung ist daher vor jeder Verhandlung ganz besonders wichtig: Was ist eigentlich das Ziel der Verhandlung? Was möchten Sie erreichen?

> ■ Natürlich sind nicht immer Sie derjenige, der eine Verhandlung beginnt. Manche Verhandlungen fallen für Sie einfach so, ohne jede Vorwarnung, quasi vom Himmel. Wenn Sie das Gefühl haben, dass der Inhalt für Sie wesentlich ist, bitten Sie um eine Verschiebung, um sich richtig vorbereiten zu können. ■

Probleme in Ziele verwandeln

Wenn Sie Probleme ansprechen, so versetzen Sie Ihren Verhandlungspartner sofort auch in problemhaftes Denken. Er wird sich vielleicht angegriffen fühlen, sich verteidigen oder flüchten.

Beispiel

Sie ärgern sich schon lange über das schmutzige Geschirr, das immer so lange in der Küche herumsteht, bis Sie es abspülen. Eines Tages treten Sie dem Kollegen gegenüber, den Sie als den Hauptverursacher dieses Geschirrbergs sehen, und sprechen ihn an: „Herr Thome, es geht mir wahnsinnig auf den Nerv, dass hier ständig so viel schmutziges Geschirr rumsteht. Wenn ich es nicht abwasche, macht es keiner. Das muss endlich ein Ende haben!"

Natürlich hört Herr Thome heraus, dass Sie ihm unterschwellig einen Vorwurf machen, und er wird sich sofort in die Defensive gedrängt fühlen.

Die Verhandlungsleitlinie zur Zwei-Gewinner-Lösung stellt nicht das Problem, sondern Ziele in den Mittelpunkt. Ihre Aufgabe ist es also zunächst, Probleme in Ziele zu verwandeln.

Schreiben Sie sich als erstes das Problem auf, und zwar mit all seinen Teilaspekten. Im obigen Beispiel könnte das etwa wie folgt aussehen:

- In der Küche steht ständig schmutziges Geschirr herum.
- Je öfter ich schmutziges Geschirr in der Küche stehen sehe, desto mehr ärgere ich mich.
- Es ekelt mich, in einer Küche essen zu müssen, wenn so viel schmutziges Geschirr da herumsteht.
- Ich fühle mich von meinen Kollegen ausgenutzt, weil mich das Geschirr wohl am meisten stört und ich es deshalb immer abwasche.
- Manchmal habe ich den Eindruck, meine Kollegen wollen mich regelrecht provozieren.

Im nächsten Schritt gilt es, diese Probleme in (positive) Ziele umzuformulieren, zum Beispiel so:

- Die Küche ist immer einladend sauber.
- Ich halte mich gerne in der Küche auf, zum Beispiel auch um mit Kollegen zu plauschen.
- Ich genieße meine Mahlzeiten.
- Wir wechseln uns im Kollegenkreis mit dem Geschirrspülen ab. Außerdem erledigen wir den Abwasch immer zu zweit, das ist unterhaltsamer und macht mehr Spaß.
- Ich habe ein gutes Verhältnis zu meinen Kollegen.

Dies ist eine äußerst effektive Methode, die Stimmung zu Ihren Gunsten zu wenden. Wenn Sie in einer solch positiven Weise auf Ihren Kollegen zugehen, wird er ein sehr viel offeneres Ohr für Sie haben. Gute Laune steckt an!

Wie Sie sich über Ihre Ziele klar werden

Es ist nicht immer leicht, Klarheit über die Ziele, die man verfolgt, zu erreichen. Häufig ist es so, dass man sich ein Hauptziel setzt und einzig und allein darauf zusteuert. Dabei vergisst man dann, dass es auch weitere Ziele und sogar Alternativen zur Verhandlung gibt, die sich ebenfalls lohnen verfolgt zu werden. Je mehr Wege Sie sich da offen halten, desto wahrscheinlicher wird die Verhandlung für Sie von Erfolg gekrönt sein.

Um zu einem breiten Spektrum interessanter Ziele und auch Alternativen zur Verhandlung zu gelangen, bietet sich auch der Einsatz der so genannten Kreativitätstechniken an, zum Beispiel

- Brainstorming bzw. Brainwriting,
- Mindmapping,
- Bisoziation,
- Synektik usw.

Näheres zu diesen Techniken können Sie im STS-Taschenguide „Kreativitätstechniken" nachlesen.

Bewertung von Zielen und Alternativen

Wenn Sie nun eine Vielzahl von Zielen und Alternativen zusammengetragen haben, beurteilen Sie sie anhand der folgenden Kritieren:

- Passt dieses Ziel in mein Leben? Ist es für mich erstrebenswert?
- Ist das Ziel realistisch?

Beachten Sie auch, welche dieser Ziele Sie unbedingt erreichen wollen und welche „nur" Wunschziele sind, auf deren Erreichung Sie eventuell verzichten können. Und seien Sie vor allem offen für Ziele, die Sie selbst noch gar nicht bedacht haben.

Beispiel

Die jährliche Gehaltsverhandlung steht an. Im Augenblick verdienen Sie monatlich 2 250 € brutto. Sie haben von einer Bekannten in einer ähnlichen Position gehört, dass sie 2 850 € verdient. In Anbetracht dieser Tatsache nehmen Sie sich vor, mit weniger als 2 750 € auf gar keinen Fall zufrieden zu sein. Zwar ist Ihre Bekannte schon ein Jahr länger bei ihrer

Firma als Sie bei der Ihren, aber das rechtfertigt Ihrer Ansicht nach nicht diesen Unterschied in den Gehältern.

Als Ihr Chef Ihnen eine Gehaltserhöhung von 200 € im Monat anbietet, sind Sie enttäuscht. Schließlich hat er sich sehr beeindruckt von Ihren Leistungen gezeigt. Sie weisen ihn auf das beträchtlich höhere Gehalt Ihrer Bekannten hin, können ihm aber auf seine Fragen nach Sonderleistungen und der exakten Stellenbeschreibung nicht genau antworten. Seine Schlussworte bei der Verhandlung: „Ich gehe davon aus, dass Ihre Bekannte sicher weitreichendere Aufgabengebiete hat als Sie. Und bestimmt bietet ihr Arbeitgeber nicht so viele Sonderleistungen wie ich. Ich denke, dass ich Ihnen mit 2 450 € ein sehr gutes Gehalt biete. Sollten Sie anderer Ansicht sein, fände ich es sehr schade. Dann könnte ich Ihnen nur vorschlagen sich anderweitig umzusehen.“

In diesem Beispiel haben Sie sich nicht nur unzureichend auf Ihre Gehaltserhöhung vorbereitet, Sie haben auch ein Wunschziel (nämlich das in Ihrer augenblicklichen Situationen objektiv unerreichbare Gehalt Ihrer Bekannten) als absolutes Ziel gesteckt. Hätten Sie das Gespräch mit Ihrer Bekannten zuvor nicht geführt, wären Sie über die 200 € Gehaltserhöhung vermutlich sehr glücklich gewesen.

■ Ihr Verhandlungsziel sollte objektiv erreichbar sein.   ■

Passt dieses Ziel in mein Leben?

Sollten Sie diese Frage nach etwas Nachdenken mit Nein beantworten, so kann das zwei Ursachen haben:

- Die ganze Verhandlung liegt eigentlich nicht in Ihrem Interesse.
- Sie haben sich zu einer falschen Zielsetzung verleiten lassen.

Ersteres wäre in dem folgenden Beispiel der Fall:

Beispiel

Ihr Arbeitgeber verlegt seinen Firmensitz in eine andere Stadt. Er bittet Sie zu einem Gespräch darüber, wie Ihre künftige Büroausstattung aussehen soll, ob Sie eine Sekretärin brauchen oder nicht und ob er Ihnen in irgendeiner Weise bei der Wohnraumsuche behilflich sein kann.

Sie machen sich Gedanken über all diese Fragen und erarbeiten einen Vorschlag, der Ihnen und Ihrer Arbeitsweise sehr entgegenkommt. Sie wären auch sehr glücklich, wenn Ihr Arbeitgeber diesem Vorschlag zustimmen würde – wenn dieser Arbeitsplatz nur an Ihrem bisherigen Wohnort läge!

Hier hat es Ihr Arbeitgeber offenbar aufgrund Ihres Engagements für die Firma und aufgrund der Tatsache, dass Sie ungebunden sind, zu sehr für gegeben angenommen, dass Sie den Umzug mitmachen.

Sie wiederum haben sich von der Aussicht auf eine attraktivere Ausstattung Ihres Arbeitsplatzes zunächst blenden lassen und gar nicht daran gedacht, dass Sie ja gar nicht umziehen wollen. In einem solchen Fall sollten Sie Ihrer besten Alternative, nämlich sich einen neuen Arbeitgeber an Ihrem Wohnort zu suchen, den Vorrang geben.

Dass Sie sich zu einer falschen Zielsetzung verleiten lassen, geschieht am häufigsten im familiären Bereich.

Beispiel

Sie erhalten einen Anruf von der Mutter einer Freundin Ihrer Tochter. Dieser Mutter ist es ein Anliegen, dass ihre Tochter abends um spätestens 18.00 Uhr zu Hause ist. Um dieses Anliegen durchzusetzen, hätte sie gerne Ihre Unterstützung: Wenn alle Mädchen in dieser Clique bereits um 18.00 Uhr zu Hause sein müssen, kann sie diesen Wunsch bei ihrer Tochter besser durchsetzen.

Aus Solidarität stimmen Sie zu. Bei weiterem Nachdenken fällt Ihnen aber ein, dass Ihre Tochter ja wegen verschiedener Verpflichtungen selten vor 16.30 Uhr Gelegenheit hat, sich mit ihren Freundinnen zu treffen. Wie sollen Sie Ihrer Tochter überzeugend erklären, dass sie so früh zu Hause sein soll, nur weil die andere Familie schon so früh zu Abend essen will? Zumal Sie selbst eigentlich eher daran interessiert sind, dass Ihre Tochter ihre wenigen Gelegenheiten zu sozialen Kontakten auch ausnutzt.

Hier würde es helfen, sich mit der befreundeten Familie über alternative Ziele zu unterhalten, bevor Sie mit Ihrer Tochter sprechen.

Ist das Ziel realistisch?

Unrealistische Ziele führen nur zu Frustration – auf beiden Seiten! Sie können ein Einfamilienhaus in gutem Zustand und in ausgezeichneter Lage nun einmal nicht zu einem Preis von 20 000 € bekommen, genauso wenig wie Sie als Sekretärin ein Einstiegsgehalt von 5 000 € im Monat fordern können. Beide Ziele sind dermaßen unrealistisch, dass Sie Ihr Verhandlungspartner schon nach Hause schickt, bevor die Verhandlung überhaupt begonnen hat.

Es ist jedoch nicht immer so deutlich, dass ein Ziel unrealistisch ist. Um das richtig einschätzen zu können, ist es hilfreich, wenn Sie sich in die Lage Ihres Vertragspartners versetzen:

- Was würden Sie an seiner Stelle denken, wenn Sie herausbekommen, dass Ihr Partner ein solches Ziel hat?
- Wäre die Verhandlung für Sie noch wert geführt zu werden?

- Wären Sie zuversichtlich, dass Sie mit einigem Wohlwollen auf beiden Seiten zu einer guten Einigung kommen?
- Würden Sie sich über Ihren Vertragspartner ärgern?
- Würden Sie Ihren Vertragspartner ernst nehmen?

Die Beantwortung all dieser Fragen gibt Ihnen gute Hinweise darauf, ob Sie nach den Sternen gegriffen oder ein durchaus realistisches Ziel aufgestellt haben.

Konfrontieren Sie Ihren Verhandlungspartner auf keinen Fall gleich mit Ihrem echten Verhandlungsziel. Das Angebot, das Sie anfangs auf den Tisch legen, kann und soll ein sehr viel günstigeres für Sie sein. Schließlich müssen Sie immer damit rechnen, dass Sie Ihrem Verhandlungspartner im Laufe der Verhandlung noch entgegenkommen müssen. Von Ihrem eigentlichen Ziel wissen nur Sie (und gegebenenfalls Ihr Team). Beachten Sie aber, dass auch Ihr Anfangsangebot nicht völlig überzogen sein darf (hier gelten natürlich Ausnahmen, z. B. in Ländern, in denen Feilschen auf Märkten üblich ist).

> - Steigen Sie „höher" in die Verhandlung ein, als Ihr realistisches Ziel ist. Denn heruntergehandelt werden Sie immer noch. ■

Wenn Sie im oder für ein Team verhandeln

Sind von einer Verhandlung nicht nur Sie, sondern ein ganzes Team betroffen, so ist es wichtig, dass Sie alle Beteiligten in die Zielfindung mit einbeziehen und sicherstellen, dass die Ziele auch von jedem einzelnen Teammitglied akzeptiert und verstanden werden.

Nichts ist unangenehmer, als wenn während der Verhandlung ein Teilnehmer aus den eigenen Reihen plötzlich fragt: „Wieso denn? Hatten wir nicht etwas ganz anderes besprochen?" Oder gar: „Also, ich weiß nicht. Ich hatte ja schon lange das Gefühl, dass wir dieses Ziel fallen lassen sollten. Das bringt doch gar nichts!"

Achten Sie also darauf, dass eventuelle Missverständnisse oder Unzufriedenheiten bereits im Voraus geklärt werden.

> ■ In der Regel fährt man besser, wenn nur ein oder zwei Vertreter die Verhandlung für das Team führen. ■

Wie Sie alle ins Boot holen

- Berufen Sie auf jeden Fall vor der Verhandlung noch eine Teamsitzung ein.

- Stellen Sie eine Liste der gefundenen Ziele in der Reihenfolge ihrer Prioritäten auf.

- Fragen Sie, ob alle mit dieser Liste einverstanden sind.

- Erkundigen Sie sich, ob jedes Teammitglied die einzelnen Ziele verstanden hat.

- Bei Unklarheiten oder Unsicherheiten behandeln Sie die betreffenden Ziele noch einmal genauer und führen Sie aus, warum dieses Ziel an dieser Stelle der Prioritätenliste steht.

- Nehmen Sie eventuelle Einwände ernst und diskutieren Sie sie im Team. Seien Sie gegebenenfalls auch offen für Änderungen in den Zielen und deren Prioritäten.

- Wenn Sie einen bestimmten Änderungsvorschlag auf gar keinen Fall gutheißen können, legen Sie dem Team genau dar, warum nicht (Anweisung des obersten Chefs, Gesetzesvorgaben etc.). Bitten Sie Ihr Team um Verständnis und um Unterstützung.

- Falls im Team ein „Störenfried" sitzt: Versuchen Sie ihm deutlich zu machen, wie wichtig die Verhandlung für Ihre Firma und mithin auch für ihn, der ja für das Unternehmen arbeitet, ist. Interne Querelen sollten auf gar keinen Fall nach außen und schon gar nicht in eine wichtige Verhandlung hineingetragen werden. Sollte er uneinsichtig bleiben, überlegen Sie, ob und wie Sie ihn von der Verhandlung ausschließen können.

> - Sie können übrigens auch im privaten Bereich schnell in die Situation kommen, im „Team" verhandeln zu müssen. Nehmen Sie nur einmal den Fall, Sie wollen ein Haus für sich und Ihre Familie erwerben. Die Entscheidung, ob und welches Haus gekauft wird, fällen Sie mit Sicherheit nicht alleine! ■

Weitere wertvolle Hinweise, wie Sie ein Team überzeugen und Gräben überbrücken können, finden Sie im Taschenguide „Teams führen".

So formulieren Sie Ihre Ziele

Nicht nur die Festsetzung von Zielen, sondern auch deren Formulierung spielt für den Erfolg der Verhandlung eine wichtige Rolle. Die folgenden vier Leitsätze sollen Ihnen zu einer Zielformulierung verhelfen, die Sie in jedem Stadium der Verhandlung unterstützt:

- Formulieren Sie Ihre Ziele positiv!
- Formulieren Sie Ihre Ziele objektiv!
- Formulieren Sie Ihre Ziele verständlich!
- Formulieren Sie Ihre Ziele übersichtlich!

Formulieren Sie Ihre Ziele positiv!

Der erste Grundsatz, den Sie unbedingt beachten sollten, ist: Formulieren Sie Ihre Ziele immer positiv. Also nicht: „Ich möchte kein schmutziges Geschirr mehr herumstehen sehen", sondern: „In der Küche soll es sauber und einladend aussehen".

Formulieren Sie Ihre Ziele objektiv!

Nun mag es vorkommen, dass Sie eine Küche sauber und einladend finden, von der ein Freund von Ihnen meint: „Also, in diesem Verhau könnte ich nicht leben!" Ein anderer ist im Gegenteil der Meinung: „Mann, ist das hier steril. Wie in einem Krankenhaus! Total ungemütlich!"

Was wir mit diesem – zugegebenermaßen etwas überzogenen – Beispiel sagen wollen: Formulieren Sie Ihre Ziele nicht nur positiv, sondern auch nach objektiven Kriterien. Jeder Mensch empfindet aufgrund seiner individuellen Lebensgeschichte anders.

In dem Beispiel könnte Ihr Ziel wie folgt lauten:

Beispiel

„In der Küche soll es sauber und einladend aussehen. Dazu gehört, dass schmutziges Geschirr nur auf der Abstellfläche rechts neben der Spüle steht, und zwar nicht gestapelt. Nach spätestens einem Tag oder wenn sich das Geschirr zu sehr anhäuft, wird abgewaschen."

Formulieren Sie Ihre Ziele verständlich!

Dieser Leitsatz gilt nicht nur im Team, sondern auch dann, wenn Sie als „Einzelkämpfer" unterwegs sind.

Sicher können Sie sich noch an Mitschriften aus Ihrer Schul- oder Studentenzeit erinnern, die Ihnen beim Aufschreiben durchaus schlüssig erschienen, aber beim Nacharbeiten wie die sprichwörtlichen „böhmischen Dörfer" vorgekommen sind.

Stellen Sie sich vor, Sie befinden sich in einer schwierigen Verhandlung mit vielen verschiedenen Aspekten und verstehen plötzlich Ihre eigenen Ziele nicht mehr. Ein Albtraum!

Beispiel

Einer der Punkte, die verhandelt werden sollen, ist die Einrichtung Ihres neuen Büros. Sie haben sich folgende Notizen gemacht: „Mindestens 2 Tische, Stühle, Schrank, offenes Regal, Aktenordner müssen passen, mindestens fünf Schubfächer, Telefon, Anrufbeantworter, Computer, Bildschirm 19 Zoll, Drucker, Besucherstühle, runder Besuchertisch, Schreibtisch mindestens zwei Meter".

Während der Verhandlung wissen Sie in der Aufregung plötzlich nicht mehr, ob der Besuchertisch bei den mindestens zwei Tischen schon eingerechnet war oder nicht. Und wo sollten die Schubfächer sein? Nur im Schreibtisch oder auch im Regal? Und wozu? Was hatten Sie sich gedacht? Am Ende bekommen Sie weder Ihre Ziele noch die Argumente dafür auf die Reihe.

Lassen Sie es erst gar nicht dazu kommen. Fangen Sie rechtzeitig an, sich auf die Verhandlung vorzubereiten. Notieren Sie Ihre Ziele. Lassen Sie sie dann ruhig zwei, drei Tage liegen.

Wenn Sie Ihr Vorbereitungspapier dann noch einmal durchlesen und sofort wissen, was gemeint ist, gehen Sie gut gewappnet in Ihre Verhandlung.

Formulieren Sie Ihre Ziele übersichtlich!

Kennen Sie das? Sie haben ein Blatt vor sich und machen sich Notizen. Nach und nach fallen Ihnen zu den unterschiedlichen Dingen Zusatzinformationen ein, die auf jeden Fall noch dazu gehören. Außerdem sind Ihnen die verschiedenen Punkte in einer ziemlich wirren Reihenfolge eingefallen, die in keinster Weise ihrer Wichtigkeit entspricht.

Natürlich ist es vollkommen legitim, wenn Sie sich durch eine solche Ansammlung von Gedanken, wie sie auch beim Brainstorming oder Mindmapping üblich sind, über Ihre Ziele klar werden. Doch sollte es auf gar keinen Fall bei diesem Blatt Papier bleiben. Spätestens nach ein, zwei Tagen kennen Sie sich nämlich nicht mehr darin aus.

Machen Sie sich die Mühe und notieren Sie jedes Ihnen wichtig erscheinende Ziel klar und deutlich an der ihm zukommenden Stelle. Setzen Sie Prioritäten. Je höher die Priorität, desto weiter oben in Ihrer Liste steht das Ziel. Lassen Sie sich nicht hetzen und denken Sie alles gut durch. Es lohnt sich!

■ Die Zeit, die Sie sich für eine sorgfältige Formulierung Ihrer Ziele nehmen, zahlt sich in der späteren Verhandlung auf jeden Fall aus. Sie wissen, was Sie wollen, werden sicherer und verlieren nicht den Überblick. ■

Wo steht der andere?

Wenn die eigenen Ziele klar sind, ist immer noch offen, ob der andere überhaupt verhandeln will.

Beispiel

Herr Schwarz, Produktmanager, möchte sich zusätzlich auf Online-Marketing spezialisieren. Nach seinen Vorstellungen soll der Arbeitgeber diese Ausbildung bezahlen und Herrn Schwarz dafür für einige Zeit/Stunden pro Woche von seinen Aufgaben freistellen. Der Chef ist völlig überrascht und lässt sich erst gar nicht auf eine Diskussion ein. Schließlich ist so etwas in der Firma noch nie gemacht worden!

Ein Zwischenschritt ist die Auflistung der Interessen, die aus Sicht beider Partner für diese Zusatzausbildung sprechen. Der Partner lässt sich um so mehr auf eine entsprechende Verhandlung ein, je mehr seinen Interessen Rechnung getragen wird. Eine entsprechende Liste von Herrn Schwarz könnte etwa so aussehen:

Ziel: Online-Marketing-Ausbildung wird von der Firma bezahlt		
Eigene Interessen	**Interessen des Partners**	**Nutzen für den Partner**
zukunftsweisende Ausbildung	zukünftige, bessere Mitarbeiterqualifikation	Markterfolge im E-Commerce
Firma übernimmt alle Kosten	Kosten niedrig halten, möglichst interne Ausbildung	Herr Schwarz bringt einen Teil seiner Freizeit ein, weil er z. T. online lernt und samstags Übungen besucht.

Die strittige Frage, wer zahlt, führt zu der gemeinsamen Suche nach Ausbildungsmöglichkeiten für den neuen Bereich E-Commerce. Vielleicht ist gar nicht der eigene Chef, sondern der Ausbildungsleiter der erste Ansprech- und Verhandlungspartner. Das Ziel ist, vor der eigentlichen Verhandlung gegensätzliche Interessen abzuschätzen und alternative Lösungen, die beiderseitige Interessen erfüllen, zu durchdenken.

Um sachlich gut vorbereitet in eine Verhandlung zu gehen, müssen Sie sich also über folgende Punkte klar werden:

- eigene Interessen,
- Partnerinteressen,
- Begründung der Interessen.

Führen Sie eine gründliche Situationsanalyse durch, die nicht nur diese drei Punkte, sondern auch Zeitpunkt, Ort des Treffens, Teilnehmer und Stimmungen berücksichtigt.

Was spricht für Ihre Ziele?

Wenn Sie sich erst einmal über Ihre Ziele klar geworden sind, geht es daran, Argumente zu sammeln, die für Ihre Ziele sprechen, und zwar nicht nur aus Ihrer Sicht!

Sie müssen weder sich noch Ihren Verhandlungspartner davon überzeugen, dass Ihre Ziele für *Sie* erstrebenswert sind. Falls doch, haben Sie wahrscheinlich noch nicht ausreichend über Ihre Ziele nachgedacht. Nun kommt es vielmehr darauf an, dass der andere sieht, wo die Vorteile für ihn liegen, wenn die Verhandlungsziele erreicht werden.

Versetzen Sie sich also in die Situation Ihres Verhandlungspartners und überlegen Sie sich, wo dessen Ziele und Wünsche liegen. Welche seiner Bedürfnisse können durch die Erreichung Ihrer Ziele befriedigt werden?

Am besten fertigen Sie sich eine kleine Tabelle wie die folgende an. Dies verschafft Ihnen nicht nur einen recht guten Überblick, wie realistisch Ihre Ziele durchzusetzen sind, sondern stellt Ihnen das wesentliche Handwerkszeug für Ihre Verhandlung zur Verfügung.

Was spricht für meine Ziele?

Eigene Ziele	Bedürfnisse des Verhandlungspartners ...	... werden befriedigt, weil ...
1.		
2.		
3.		
4.		
...		

Öffnen Sie sich für neue Ziele

Wir haben es schon mehrmals erwähnt: Öffnen Sie sich für die Ziele und Interessen Ihres Verhandlungspartners. Es lohnt sich. Selbst wenn diese Interessen den eigenen auf den ersten Blick völlig entgegengesetzt zu sein scheinen, kann sich die Verhandlung durchaus positiv entwickeln.

Beispiel

In einem Elektronikkonzern wurde entschieden, dass ein Teil der Softwareentwicklung aus Kostengründen ins Ausland verlagert wird. Der Abteilungsleiter und sein Team aus rund 50 Mitarbeitern erhielten eine Übergangszeit von einem Jahr, um sich neuen Marktchancen des Konzerns zuzuwenden und neue Leistungen zu entwickeln. Falls die Abteilung nach einem Jahr kein neues Geschäft aufgebaut hat, werde man zu Versetzungen und Kündigungen greifen.

Das Entsetzen im Team war groß. Die Jüngeren, die Entlassung vor Augen, schrieben Bewerbungen, die Älteren wurden völlig passiv nach dem Motto „mehr als zehn Jahre hier, dann warte ich eben auf meine Versetzung".

In dieser Situation veranstaltete der Teamleiter einen Drei-Tage-Workshop. Am ersten Tag ging es darum, aus der Fixierung auf eine Lösung herauszukommen. Am Ende dieses Tages war allen klar, welche Chancen sie hatten, ihre lang vergrabenen Träume wieder zu beleben, denn die Firma wollte für gute Ideen auch Budgets zur Verfügung stellen. Am Ende der drei Tage gabe es sechs Erfolg versprechende Projekte. Dann ging es an die Budgetverhandlung mit der Geschäftsleitung, heute hat sich das Team verdoppelt und arbeitet mit zweistelligen Zuwachsraten.

Wären diese Mitarbeiter bei ihrer ursprünglichen Auffassung stehen geblieben, hätte das Ganze für sie böse enden können.

Die eigenen Ziele nicht aus den Augen verlieren!

Natürlich dürfen Sie bei allem Offensein für die Sicht Ihres Verhandlungspartners Ihre eigenen Ziele nicht aus den Augen verlieren. Sonst laufen Sie schnell Gefahr, dass aus der Zwei-Gewinner- eine Ein-Gewinner-Lösung wird – zu Ihrem Nachteil!

Beispiel

Frau Berger hat in Ihrem Büro sehr viel Arbeit und benötigt dringend Unterstützung. Sie bittet ihren Chef um einen Gesprächstermin. Ihr Ziel ist es, für mindestens einen Monat einen Praktikanten für zeitraubende Recherchearbeiten im Internet zugeteilt zu bekommen.

Bei dem Gespräch zeigt sich ihr Chef sehr verständnisvoll. Allerdings weist er darauf hin, dass die Praktikanten im Betrieb alle schon ziemlich ausgelastet seien und er kein Geld habe, eine weitere Praktikumsstelle zu besetzen. Er bietet Frau Berger an, dass Sie zwei Stunden täglich einen Praktikanten „ausgeliehen" bekomme, mehr könne er ihr auf gar keinen Fall anbieten.

Frau Berger ist zwar ziemlich enttäuscht, meint aber, wohl nicht mehr bei ihrem Chef herausholen zu können. Schließlich zeigt er ja guten Willen. Also stimmt sie seinem Vorschlag zu. Da sich aber auch noch drei Praktikanten in der Tätigkeit bei ihr abwechseln, geht der Schuss nach hinten los: Statt weniger hat sie nun mehr Arbeit, schließlich müssen die Praktikanten erst einmal in ihre Arbeit hineinfinden – dank der unglücklichen Konstellation immer wieder aufs Neue. Unglücklich macht sie weiterhin Überstunden, damit die Arbeit bewältigt wird.

In dieser Verhandlung hat Frau Berger zu schnell nachgegeben und sich mit einer völlig unzureichenden Lösung zufrieden gegeben. Nun denkt Ihr Chef unweigerlich: „Na also, so schlimm kann es ja gar nicht sein! Sicher hat sie nur ein Zeichen gebraucht, dass ich Ihre Leistung anerkenne!"

Hier hätte Frau Berger von Anfang an klarstellen müssen, dass ihr das vorgeschlagene Leihsystem gar nichts nutzt. Gut wäre es gewesen, wenn sie sich im Vorfeld Gedanken über den Zeitaufwand und die Bedeutung der Internet-Recherche für das Unternehmen gemacht hätte, um sie dann in der Verhandlung klar herauszustellen. Folgende Dinge hätte sie beispielsweise deutlich machen können:

- Sie arbeitet konzentriert und gewissenhaft und scheut auch vor Überstunden nicht zurück.
- Der Arbeitsaufwand ist dennoch nicht mehr zu bewältigen. Außerdem kann sie die geleisteten Überstunden schon gar nicht mehr „abfeiern". Im Moment arbeitet sie 60 Stunden in der Woche. Nicht einmal am Wochenende kann sie abschalten.

- Die unwichtigen bzw. weniger dringlichen Arbeiten sind bereits zurückgestellt worden. Aber auch sie müssen irgendwann nachgeholt werden.

- Ohne die Internet-Recherche ist ihre Firma bald nicht mehr wettbewerbsfähig. Die Informationen sind dringend erforderlich.

- Auch die anderen Arbeiten auf ihrem Schreibtisch sind unabdingbar und erfordern ein hohes Maß an Konzentration und Gewissenhaftigkeit, das sie bei der derzeitigen Arbeitsüberlastung bald nicht mehr im Stande ist aufzubringen.

- Es ist wichtig, dass immer derselbe Praktikant mit der Internet-Recherche betraut ist. So fällt die Einarbeitungszeit nicht jedes Mal neu an, sondern nur einmal.

- Mit zwei Stunden am Tag ist es nicht getan, schließlich müssen die Informationen nicht nur gesammelt, sondern auch noch ausgewertet werden, bevor sie der Firma etwas nutzen. Die Teilzeitarbeit verzögert nur die Ergebnisse.

- Wenn sie keinen Praktikanten zugeteilt bekommt, hätte das zur Folge, dass folgende wichtigen Arbeiten liegen bleiben: (Aufzählung der Arbeiten)

■ Übrigens: Wenn Sie – wie Frau Berger – zu schnell und zu bereitwillig nachgeben und sich mit einer Pseudo-Lösung zufrieden geben, begeben Sie sich unter Umständen in eine noch schwächere Position als vor der Verhandlung. Denn dann müssen Sie nachverhandeln und Ihr Verhandlungspartner wird ins Feld führen, er wäre Ihnen ja schon entgegengekommen – und Sie müssten ihm eigentlich dankbar sein! ■

Wissen, um was es geht

Haben Sie sich auch schon einmal darüber geärgert, dass Sie mit jemandem verhandeln mussten, der nicht richtig vorbereitet war? In solchen Fällen kommt es meist zu unangenehmen Zeitverzögerungen, weil der eine oder andere Punkt erst durch Nachblättern oder gar durch einen Telefonanruf geklärt werden muss. Schlimmstenfalls muss die Verhandlung sogar vertagt werden. Das ursprünglich vielleicht günstige Verhandlungsklima ist ruiniert.

Vielleicht haben Sie sich aber auch über die mangelnde Vorbereitung Ihres Verhandlungspartners gefreut? So konnten Sie ihm wenigstens ein Angebot für günstig verkaufen, das so günstig für ihn gar nicht war, ganz nach dem Motto: selbst schuld, wenn er sich nicht informiert!

In beiden Fällen möchten Sie sich sicher nicht in der Situation des Uninformierten sehen. Deshalb: Bevor Sie in eine Verhandlung eintreten, informieren Sie sich umfassend

- über den Gegenstand der Verhandlung,
- über Ihren Verhandlungspartner und
- über die Gründe, die zu der Verhandlung geführt haben.

Je mehr Sie sich auskennen, desto selbstbewusster treten Sie in der Verhandlung auf und desto ernster werden Sie von Ihrem Verhandlungspartner genommen.

Information ist die halbe Miete

Dieser Satz trifft es genau. Nehmen wir doch gleich einmal als Beispiel die Situation, dass Sie eine Wohnung mieten möchten:

Beispiel
Sie sind neu in der Stadt und dringend auf Wohnraum angewiesen. Der Makler, an den Sie sich wenden, hat tatsächlich das geeignete Objekt für Sie: groß und hell, günstig gelegen, kann sofort bezogen werden. Der Mietpreis soll 450 € betragen.

Dies erscheint Ihnen aufgrund der Erfahrungen aus Ihrem früheren Wohnort recht günstig und Sie unterschreiben den Mietvertrag. Einige Wochen später erfahren Sie aus Gesprächen in der Nachbarschaft, dass in dieser Gegend vergleichbare Wohnungen bereits für 300 bis 350 € zu haben sind. Natürlich ärgern Sie sich. Das Ihnen aufgrund mangelnder Information günstig erschienene Angebot stellt sich nachträglich geradezu als Wucher heraus.

Lassen Sie es erst gar nicht so weit kommen. Führen Sie die Gespräche mit Ihren (zukünftigen) Nachbarn schon, bevor Sie den Mietvertrag unterschreiben.

Wenn Sie Kenntnis über den allgemein üblichen Mietpreis haben, können Sie in der Verhandlung darauf hinweisen, dass der verlangte Preis dem nicht entspricht. Nun ist der Makler im Zugzwang und muss Ihnen überzeugend darlegen, wieso dieser Preis in diesem Fall gerechtfertigt ist (z. B. besondere Ausstattung von Küche und Bad o. Ä.). Hat er hier nichts zu bieten, wird er entweder mit dem Mietpreis heruntergehen oder aber Sie lehnen das Angebot souverän ab, ohne Angst, dass Ihnen eine günstige Wohnung entgangen sein könnte.

Genauso sollten Sie sich informieren, wenn es um Gehaltsverhandlungen, um den Kauf eines Gebrauchtwagens oder um
die Buchung einer Urlaubsreise geht. Je besser Ihre Informationen, desto besser und sicherer Ihr Stand in der Verhandlung.

> ■ Sammeln Sie Ihre Informationen so umfassend wie möglich. Müs-
> sen Sie die Verhandlung unterbrechen, um sich mit den nötigen In-
> formationen zu versorgen, so stört das nur die Verhandlung und zieht
> sie unnötig in die Länge. ■

Ihr Verhandlungspartner – der große Unbekannte?

Ob Sie sich nun um eine Arbeitsstelle bewerben oder ein Haus
kaufen möchten: Es ist immer gut, wenn Sie wissen, mit wem
Sie es zu tun haben. Versuchen Sie, etwas über die Person, mit
der Sie verhandeln werden, herauszufinden, etwa welche
Funktion sie hat, welche Stärken, welche Schwächen und
auch welche Kompetenzen. Außerdem sollten Sie die Organi-
sation kennen, für die sie tätig ist.

Stehen Sie z. B. vor einer Gehaltsverhandlung im Rahmen einer Bewerbung, so erwartet Ihr künftiger Arbeitgeber sogar,
dass Sie sich für ihn und seine Firma interessieren und entsprechende Erkundigungen einholen. Wenn Sie sich nur für
den Job, nicht aber für das Unternehmen interessieren – wie
kann er dann damit rechnen, dass Sie sich mit Ihrer ganzen
Arbeitskraft und Ihrem ganzen Arbeitswillen engagieren und
sich ihm und der Firma gegenüber loyal verhalten?

Gute Informationsquellen sind beispielsweise die folgenden:

- Kunden, Angestellte und Geschäftspartner des Verhandlungspartners,
- Gespräche in der Nachbarschaft,
- Informationsbroschüren und Geschäftsberichte,
- Presseberichte,
- die Homepage im Internet.

Versuchen Sie herauszubekommen, wo die (eventuell auch versteckten) Interessen Ihres Verhandlungspartners liegen. Was ist ihm wichtig? Wo sind seine Grenzen? Wo seine Empfindlichkeiten? Je mehr Sie wissen, desto eher können Sie Ihre Verhandlungsziele realistisch abstecken und den Nutzen, den ihre Erreichung für Ihren Verhandlungspartner hat, herausstellen.

Planen Sie die Verhandlung voraus

Gerade wenn es um Themen wie etwa Kreditverhandlungen geht, können Sie sich schon ungefähr denken, mit welchen Fragen Ihr Verhandlungspartner Sie konfrontieren will. Fertigen Sie sich im Voraus eine kleine Frage-Antwort-Liste an, in der Sie Antworten auf die wichtigsten Fragen vorformuliert haben. Hier einige Beispiele für verschiedene Situationen und mögliche Fragestellungen:

Frageliste: Abschluss eines Mietvertrags

- Was machen Sie beruflich?
- Mit wie vielen Personen möchten Sie hier einziehen?
- Was verdienen Sie?
- Können Sie einen Verdienstnachweis vorlegen?
- Sind Sie handwerklich begabt?
- Haben Sie Kinder?
- Haben Sie Haustiere?
- Musizieren Sie?
- Haben Sie oft Besuch?
- Sind Sie verheiratet?
- Wieso wollen Sie umziehen?
- Warum gerade in diese Wohnung?
- Haben Sie ein Auto?

> ■ Auch wenn Sie manche dieser Fragen ärgern – Sie müssen damit rechnen, dass der Vermieter sie stellt. Und Sie können schlagfertiger bzw. souveräner reagieren, wenn Sie auf die Fragen vorbereitet sind. ■

Frageliste: Verhandlung über einen Bankkredit

- In welchem Geschäftsbereich sind Sie tätig?
- Wie hoch sind Ihre monatlichen Umsätze im Durchschnitt?
- Wie hoch sind Ihre laufenden Kosten?
- Haben Sie Angestellte? Wie viele?

- Seit wann sind Sie im Geschäft?
- Wie sieht die Konkurrenzsituation aus?
- Wer sind Ihre wichtigsten Kunden?
- Welche Sicherheiten können Sie bieten?
- Welchen Kreditbedarf werden Sie in den nächsten Jahren haben?
- Wie werden sich Ihre Umsätze entwickeln?
- Wie begründen Sie Ihre Prognose?
- Wozu genau brauchen Sie den Kredit?
- Welche Vorteile bringt diese Investition für Ihr Unternehmen?

„VERSUCH' DOCH ENDLICH, WEGEN DER VIELEN SCHRÄGEN WÄNDE EINE REDUKTION DER MIETE
ZU ERREICHEN, KARL...WIR KÖNNEN UNS SONST DAS GESCHIRR NICHT MEHR LEISTEN."

Frageliste: Bewerbungsgespräch

- Welche Ausbildung haben Sie?
- Wie sehen Ihre bisherigen Berufserfahrungen aus?
- Wieso wollen Sie die Arbeitsstelle wechseln?
- Was reizt Sie an der ausgeschriebenen Stelle?
- Wie stellen Sie sich Ihr künftiges Tätigkeitsgebiet vor?
- Haben Sie in diesem Bereich schon einmal gearbeitet?
- Meinen Sie, Sie kommen mit der Verantwortung zurecht?
- Sie müssen in einem Großraumbüro arbeiten. Haben Sie damit bereits Erfahrung?
- Haben Sie Familie?
- Was haben Sie bisher verdient?
- Mit welchem Gehalt rechnen Sie?
- Gefällt Ihnen der Ort hier?
- Ist Ihre Familie bereit, mit Ihnen umzuziehen?

Viele weitere Fragen, die in einem Bewerbungsgespräch auf Sie zukommen können, finden Sie im TaschenGuide „Vorstellungsgespräche".

Den optimalen Rahmen wählen

Erfolgreiche Verhandlungsführer erachten den richtigen Rahmen für eine Verhandlung als außerordentlich wichtigen Faktor. Sie verwenden mindestens genauso viel Zeit für die Vorbereitung wie für die eigentliche Verhandlung. Dadurch kann die Verhandlung selbst effektiver vonstatten gehen.

Hier eine Liste von Rahmenbedingungen, die Sie (eventuell) beeinflussen können:

- Ihre Grundhaltung oder Leitlinie,
- den Verhandlungsort,
- den Verhandlungstermin und die Verhandlungsdauer,
- die Zusammensetzung der Teilnehmer,
- die Tagesordnung.

Ihre Grundhaltung oder Leitlinie

Ihre Leitlinie, wie Sie sich selbst als Verhandlungspartner verstehen, wird entscheidenden Einfluss auf den Verlauf und den Ausgang der Verhandlung haben.

Lautet Ihre Leitlinie: „Nur einer kann gewinnen, und das bin ich!", so werden Sie sich bei der weiteren Auswahl der Rahmenbedingungen bemühen, Ihren Verhandlungspartner möglichst unter Stress zu setzen.

Beispiel

Versicherungsvertreter müssen hier einiges erdulden: Das Fernsehen läuft, die Kinder rennen herum und stoßen an den Tisch, und das alles meistens abends nach 19.00 Uhr! Die Atmosphäre ist voller Gedanken wie: „Werde ich über den Tisch gezogen?" oder: „Hoffentlich geht er bald wieder. Ich brauche doch nichts!"

Oft sind hier beide Verlierer: Der Kunde bekommt sicherlich keine optimale Beratung und der Vertreter geht häufig leer aus. Will man als Kunde seinen Versicherungsschutz überprüfen und über Erweiterungen verhandeln, so ist die kooperative Grundhaltung für beide ein Gewinn.

Haben Sie hingegen die Zwei-Gewinner-Lösung vor Augen, so stehen die Chancen gut, das bestmögliche Ergebnis für beide Parteien zu erreichen.

Beispiel

Der Kunde nimmt sich Zeit, sorgt für einen ruhigen Raum, bereitet sich vor und schreibt sich seine Fragen auf, bittet evtl. seinen Partner/seine Partnerin mitzuverhandeln. Auch der Vertreter sucht nach der Optimierung des Rahmens, wird vielleicht den Kunden mit Partner zu sich einladen, eine Zeit wählen, die für beide Parteien günstig ist, und vorab schon ankündigen, über welche Themen verhandelt werden sollte.

Einfluss der Umgebung/Raumgestaltung

Falls Sie zu der Verhandlung einladen: Gestalten Sie das Umfeld, in dem die Verhandlung stattfinden soll, möglichst der Situation entsprechend. Durch geschickte Raumplanung bzw. -gestaltung haben Sie die Möglichkeit, den Ablauf eines Gesprächs zu beeinflussen. Hier spielen sowohl psychologische als auch physiologische Aspekte eine Rolle.

Räume zum Wohlfühlen – der psychologische Aspekt

Vertrautheit, Sicherheit, Atmosphäre – dies sind Beispiele für die psychologische Betrachtung der Raumplanung. Für den Ablauf der Verhandlung spielt es eine bedeutende Rolle, ob Sie und Ihr Verhandlungspartner sich in der Umgebung, in der Sie sich befinden, wohl fühlen. Je angenehmer die Gesprächsatmosphäre, desto wahrscheinlicher kommen Sie zu einer Zwei-Gewinner-Lösung.

Achten Sie darauf, dass in den von Ihnen gewählten Räumlichkeiten keine „Krankenhausatmosphäre" herrscht. Weiße, steril wirkende Möbel, kalte Steinfußböden und kahle Wände tragen nicht zu einem angenehmen Gesprächsklima bei. Allein schon ein Bild an der Wand, ein Teppich oder einige Pflanzen tragen dazu bei, dass sich auch Ihr Gesprächspartner ein wenig zu Hause fühlen kann.

Bequem und funktional – der physiologische Aspekt

Unter den physiologischen Aspekt der Räumlichkeiten fallen Komponenten wie Bestuhlung, Beleuchtung, Ausstattung, Störquellen usw.

Auf jeden Fall sollte der Besprechungsraum ausreichend hell sein, über bequeme Sitzgelegenheiten und Abstellflächen für Besprechungsunterlagen, Getränke usw. verfügen.

Achten Sie darauf, dass die Sitzgelegenheiten alle gleich komfortabel sind und sich keiner benachteiligt fühlt. Auch sollten die Sitzplätze alle so ausgerichtet sein, dass niemand geblendet wird und jeder freie Sicht auf Flipcharts und ähnliche Mittel der Visualisierung hat.

■ Außerordentlich wichtig ist auch, dass sich Toiletten und Küche in der Nähe befinden. Denken Sie bei Ihrer Raumwahl also bitte auch daran! ■

Eigene oder fremde Räume?

Wenn Sie Ihren Verhandlungspartner zu sich einladen, bedeutet dies, dass er sich aus seinem gewohnten Umfeld in ein für ihn fremdes Gebiet bewegen muss. Da Sie sich „zu Hause" befinden, sind Sie sicherer und treten selbstbewusster auf. Ihr Gesprächspartner hingegen muss sich erst einmal auf die neue Umgebung einstellen. In der Sportwelt wird Ihre Position „Heimvorteil" genannt; sie verspricht Ihnen höhere Gewinnchancen.

Umgekehrt gilt das natürlich genauso. Wenn Sie Ihren Verhandlungspartner in seinen Räumlichkeiten aufsuchen, genießt er diesen Heimvorteil. Andererseits erfährt er natürlich auch viel mehr von Ihnen, als wenn das Treffen bei ihm stattgefunden hätte. Er sieht die Größe Ihrer Räumlichkeiten, die Qualität Ihrer Einrichtung und bekommt einen Eindruck von Ihrem Betriebsklima.

Bleibt noch die Möglichkeit, einen neutralen Ort zu wählen. So haben beide Partner bezüglich der Räumlichkeiten die gleiche Ausgangsposition. Allerdings ist dies auch mit erheblich höheren Kosten und mit zusätzlichem Zeitaufwand verbunden.

Die folgende Checkliste soll Ihnen eine kleine Entscheidungshilfe bieten:

Checkliste: Ortsauswahl

Ort	Vorteil	✔	Nachteil	✔
Eigene Räume	gewohnte Atmosphäre		Partner fühlt sich nicht wohl	
	Repräsentations-möglichkeiten stehen zur Verfügung		Partner entdeckt Mängel	
	Unterlagen stehen zur Verfügung		Die Abschirmung funktioniert nicht	
	Anschauungs-material steht zur Verfügung		Partner gewinnt mehr Einblicke als gewünscht	
	Unternehmen oder bestimmte Abteilung kann besichtigt werden			
	Zugriff auf Spezialisten			
	Zugriff auf Hilfsmittel			
	kein Zeitverlust durch Anreise			
	…			

Räume des Verhandlungs-partners	Einblick in das Unternehmen des Partners		Sie sind der Manipulation durch Ihren Partner ausgeliefert	
	Kennenlernen wichtiger Personen		Unterlagen und Spezialisten fehlen	
			Reisezeit und kosten	
	…			
Neutraler Ort	beide Seiten vorteilslos		Reisezeit und Geld	
	keine internen Einblicke		Unterlagen und Spezialisten fehlen	
	störungsfrei			
	…			

Je nach Entscheidung für eigene oder fremde Räume fallen eine Fülle von Tätigkeiten an, die erledigt werden müssen. Reisemittel müssen bestellt, Hotelzimmer reserviert werden, um nur einige Aufgaben zu nennen. Die folgende Checkliste soll Ihnen helfen, die wesentlichen Dinge bei der Raumreservierung zu beachten:

Checkliste: **Raumreservierung**

- Termin: Beginn und Ende festlegen

- Parkplatzreservierung für ... Autos

- Hinweisschilder zum Verhandlungsraum

- Raumausstattung:
  - Tageslichtprojektor
  - Pinnwand
  - Flipchart
  - Videoanlage
  - Sitzordnung gemäß Skizze
  - Papier und Stifte auf allen Plätzen

- Bewirtung:
  - Kaffee und Kuchen für ... Personen
  - Mittagessen für ... Personen
  - Gläser für ... Personen
  - ... Liter Saft
  - ... Liter Wasser
  - evtl. Reservierung in einem weiteren Lokal für Mittag- oder Abendessen

Eine Erleichterung bieten Checklisten, die je nach den Wünschen der Partner ergänzt und vervollständigt werden müssen. Einen groben Anhaltspunkt, wie solch eine Checkliste aussehen könnte, bietet die nachfolgende VMI-Matrix (v = verantwortlich; m = arbeitet mit; i = muss informiert werden).

VMI-Matrix

Beteiligte Aktivitäten	Herr Schmitt	Frau Kaiser		Frau König		...
Reisemittel reservieren		v	12.09.2000	m	12.09.2000	
Übernachtung buchen		v		m		
Räume organisieren	v			i		
Druck der Unterlagen						
...						

Wie Sie die Räume auf die Verhandlung vorbereiten

Ist die Entscheidung für die eigenen Räume gefällt worden, muss der geeignete Raum ausgewählt werden. Dabei müssen Faktoren wie

- Größe der Verhandlungsgruppe,
- Nähe zu gewissen Räumlichkeiten (z. B. Prüffeld),
- Lichtverhältnisse,
- technische Ausstattung etc.

bedacht werden. Auch wäre es denkbar, dass sich der Verhandlungspartner für eine kurze interne Beratung zurückziehen möchte. Ein zweites Besprechungszimmer sollte demzufolge in der Nähe sein.

Die Raumausstattung mit den technischen Gerätschaften muss überprüft werden. Auch für das leibliche Wohl sollte gesorgt werden. In größeren Firmen ist es üblich, dass bestimmte Abteilungen für die Besprechungsraum-Verwaltung zuständig sind. Über diese Stellen laufen auch die Bestellungen von Mahlzeiten etc.

Sitzordnung

Durch die Gestaltung des Raumes bestimmen Sie das gewünschte Ambiente. Besonders wichtig ist hierbei die Sitzordnung. Eine lockere Atmosphäre lenkt von der Beschränkung auf zu lineares Denkens ab und führt oft zu einer kreativeren Vorgehensweise.

Als äußerst ungünstig für den Verhandlungsverlauf hat sich eine solche Sitzordnung erwiesen: Die Gegner sitzen sich auf möglichst schmalen Rechteck-Tischen Auge in Auge gegenüber und schlagen mit Argumenten um sich.

Es gibt eine Reihe sinnvoller Sitzmöglichkeiten. Ihnen allen ist gemein, dass sie

- Kooperation statt Trennung und
- Mischung statt Separation

demonstrieren.

Schaffen Sie auf gar keinen Fall zwei Fronten. Platzieren Sie die Verhandlungsteams so, dass neben möglichst jedem Mitglied des einen Teams eines des anderen Teams sitzt.

Sind Sie bei der Verhandlung nur zu zweit, setzen Sie sich möglichst so, dass Ihr Verhandlungspartner rechts oder links neben Ihnen ums Eck herum sitzt, nicht Ihnen gegenüber. Sie sollten sich schräg zugewandt sein. Das schafft eine günstige Ausgangsposition.

So laden Sie richtig ein

Ein wichtiger Aspekt bereits im Vorfeld der Verhandlung ist die Einladung. Sind Sie in der Position, dass Sie zu der Verhandlung einladen, geben Ihnen die folgenden Abschnitte einige nützliche Hinweise.

Termin und Dauer

Setzen Sie den Termin der Verhandlung so an, dass die Beteiligten frei von jedem äußeren Zeitdruck und ausgeruht sind.

Beispiel

Es hat wenig Sinn, die Verhandlung so zu legen, dass ein Verhandlungspartner es nach einer vierstündigen Autofahrt mit Ach und Krach gerade noch schafft, pünktlich zu kommen. Er wird sich mit Sicherheit nicht sofort auf den Verhandlungsgegenstand konzentrieren können.

Ein guter Weg wäre, allen Beteiligten zwei oder drei Termine zur Auswahl zu stellen und dann denjenigen zu wählen, der für die meisten (und vor allem für die wichtigsten) Verhandlungspartner günstig gelegen ist.

Mit dem Termin alleine ist es noch nicht getan. Auch die Dauer der Verhandlung verdient Beachtung.

Die Versuchung, sich bei einer Verhandlung in Nebensächlichkeiten oder gar in Tratsch zu verlieren, ist in manchen Fällen recht groß. Daher sollten Sie in der schriftlichen Einladung Beginn und Ende der Verhandlung, evtl. auch eine Tagesordnung, gleich festlegen. Das Wissen, dass bis zu einem bestimmten Zeitpunkt eine Einigung erreicht werden muss, lässt beide Parteien zielstrebiger und effektiver verhandeln.

Das soll aber nicht heißen, dass Sie sofort zielstrebig zur Sache gehen sollen. Ein wenig Zeit zum Kennenlernen und „Warmwerden" sollten Sie auf jeden Fall einplanen. Das entspannt die Atmosphäre und vergrößert die Chancen auf einen positiven Ausgang der Verhandlung.

Insbesondere bei komplizierten Verhandlungen sollten Sie auch ausreichend Zeit für Pausen lassen. Planen Sie Zeiten für ein gemeinsames Frühstück, Mittagessen oder Ähnliches mit ein. In einem höflichen Miteinander wird manches Problem geklärt, das in einer verbissenen Verhandlungsatmosphäre nur schwer zu lösen gewesen wäre. Außerdem lernen Sie in dieser ungezwungenen Atmosphäre Ihren Verhandlungspartner besser kennen und einschätzen.

Wichtig: die richtigen Gesprächspartner

Bei der Auswahl der Teilnehmer sollten Sie vor allem den oder die Entscheidungsbefugten einladen. Zeit und Mühe sind vergeblich, wenn Sie zu spät erfahren, dass an anderer Stelle das letzte Wort gesprochen wird oder wichtige Experten gehört werden müssen.

Fragen Sie vorab:

- Wer entscheidet bei Ihnen über ...?
- Wer kann verbindlich entscheiden?
- Inwieweit ist unsere Entscheidung bindend für ...?

Sie können Fachleute auch gezielt für nur eine feste Zeitspanne einladen. Klären Sie im Vorgespräch, welche Experten zu welchen Tagesordnungspunkten hinzugezogen werden sollten.

Damit Sie sich nicht verzetteln: die Tagesordnung

Nennen Sie in der Einladung auch alle vorgesehenen Tagesordnungspunkte. Am besten geben Sie für jeden Tagesordnungspunkt auch gleich den Zeitrahmen vor.

Weisen Sie Ihren Verhandlungspartner darauf hin, wenn er sich auf bestimmte Punkte besonders vorbereiten bzw. Anschauungsmaterial, Fachleute etc. mitbringen soll.

Eine Tagesordnung könnte etwa wie folgt aussehen:

Tagesordnung zur Verhandlung am .... **zum Thema**		
Teilnehmer:	....	
Folgende Besprechungspunkte sind vorgesehen:		
	benötigte Unterlagen	voraussichtliche Dauer
TOP 1: ...		
TOP 2: ...		
...		

Weisen Sie Ihren Verhandlungspartner ausdrücklich darauf hin, dass Sie für Änderungs- und Ergänzungswünsche seinerseits dankbar sind. Rufen Sie zwei, drei Tage vor dem Verhandlungstermin bei ihm an und fragen Sie, ob er noch Nachträge und Änderungsvorschläge zur Tagesordnung hat. Fragen Sie bei der Gelegenheit auch gleich, ob sonst alles in Ordnung ist oder ob noch Fragen offen sind.

Außerdem stellen Sie bereits im Vorfeld sicher, dass während der Verhandlung auch ein Protokoll angefertigt wird, das die Ergebnisse der einzelnen Tagesordnungspunkte zusammenfasst.

Checkliste: **Vorbereitung der Verhandlung**

■ Wählen Sie Ort, Raum und Sitzordnung mit Bedacht.
■ Wählen Sie einen Zeitpunkt/-raum, der für beide Seiten günstig ist.
■ Seien Sie beharrlich, wenn es darum geht, die richtigen Personen an den Verhandlungstisch zu holen.
■ Vermeiden Sie spontane Verhandlungen ohne Vorbereitung.
■ Erstellen Sie eine überzeugende Tagesordnung und stimmen Sie sie möglichst vorher ab.
■ Beziehen Sie in die Tagesordnung sowohl Ihre als auch die Partnerbelange sichtbar ein.
■ Bereiten Sie überzeugende Argumente für die Auswahl von Ort, Zeit und Teilnehmern vor.
■ Stellen Sie sicher, dass Protokoll geführt wird und dass ein Ergebnisprotokoll abgestimmt wird.
■ Verschaffen Sie sich Klarheit über Ihre eigenen Schwächen und die des Verhandlungspartners.

Und dann sollten Sie vor der Verhandlung folgende Fragen noch ehrlich mit „Ja" beantworten können:

■ Will ich wirklich eine Zwei-Gewinner-Lösung?

■ Will ich mit den Verhandlungsteilnehmern eine partnerschaftliche Atmosphäre aufbauen?

Wenn Sie nicht innerlich spontan mit ja antworten, sondern unsicher sind, suchen Sie besser nach Alternativen.

Wie Sie Verhandlungsstress abbauen

Verhandlungsstress kann verschiedene Ursachen und Formen haben – sei es, dass Sie nervös und unsicher sind, sei es, dass Sie in einer konkreten Situation schlicht die Wut gepackt hat.

Beispiel

Herr Meyer, Produktmanager hat sich schon lange darauf gefreut, die Marketingleitung zu übernehmen, wenn sein Chef in den Ruhestand geht. Durch Zufall erfährt er, dass die Geschäftsleitung einen Externen einstellen will mit der Begründung: „Wir sind doch schon alle betriebsblind geworden! Neue Ideen tun uns gut!" Herr Meyer ist wütend und enttäuscht. „Denen werde ich aber meine Meinung sagen! So können die nicht mit mir umspringen!"

In dieser Stimmung zu verhandeln führt bestimmt nicht zu einer befriedigenden Lösung. Um sachlich und Erfolg versprechend verhandeln zu können, muss sich Herr Meyer zunächst einmal beruhigen.

Nun kann nicht jede Verhandlung so lange warten, bis sich die Gemüter wieder beruhigt haben. Was es in einem solchen Fall braucht, ist eine schnelle „Erste Hilfe", um den Ärger und den Verhandlungsstress abzubauen.

Erst einmal tief durchatmen!

So sprichwörtlich dieses tiefe Durchatmen ist, so hilfreich ist es auch.

Je größer unser Stress, desto flacher unsere Atmung. Durch diese flache Atmung wird jedoch unsere Stimme höher – und die Energiezufuhr in unser Gehirn wird gebremst. Und das ist das Letzte, was Sie in einer wichtigen Verhandlung brauchen können!

Durch das tiefe Durchatmen entspannen Sie und versorgen Ihr Gehirn wieder mit ausreichend Energie. Legen Sie zur Sicherheit Ihre Hand auf die untere Bauchdecke und spüren Sie, wie sie sich beim Ausatmen nach innen und beim Einatmen nach außen wölbt.

Atmen Sie langsam ein und zählen Sie dabei bis drei. Dann halten Sie den Atem genauso lange an (wieder bis drei zählen) und atmen dann wieder bis drei zählend aus. Diesen Vorgang wiederholen Sie mehrmals, so lange, bis Sie sich deutlich entspannt haben.

Weitere Schnellhilfen für eine rasche Entspannung finden Sie im Taschenguide „Stress ade".

Bewegung macht frei

Auch mit Hilfe von Körperbewegungen können Sie sich relativ schnell entspannen. So hat beispielsweise die neuere Gehirnforschung herausgefunden, dass durch gegengleiche Bewegung beide Gehirnhälften aktiviert werden, was wiederum den Stress abbaut.

Übung

Berühren Sie mit der rechten Hand das linke Knie, dann mit der linken Hand das rechte Knie, immer abwechselnd, ca. ein bis zwei Minuten lang.

Führen Sie Regie!

Ein sehr wirksames Mittel zum Abbau von Stress ist auch das folgende:

Versetzen Sie sich in die Lage eines Theaterregisseurs und setzen Sie sich ins Parkett. Auf der Bühne wird gleich ein Stück gespielt, in dem der Produktmanager Meyer im Personalbüro mit dem Personalleiter verhandelt. Spüren Sie, wie sich schon aufgrund der veränderten Position Ihre Gefühle ändern?

In unserem Beispiel gibt nun Herr Meyer seine aus der neuen Betrachtungsweise resultierenden Erkenntnisse wie ein Meisterregisseur an seinen Schauspieler, Herrn Meyer, weiter. Er gibt ihm Tipps, wie er in der stressigen Situation motiviert bleiben und positiv für sich umsetzen kann.

Er probiert mehrere Alternativen aus und hat sichtlich Spaß an den Simulationen. Und erst wenn er mit dem Ablauf auf der Bühne völlig zufrieden ist, wird er wieder Herr Meyer und spielt seine Rolle, zunächst auf der vorgestellten Bühne und nicht im Zimmer des Personalleiters!

Er durchlebt die gefundene Lösung so lange und so oft, bis er mit dem Ergebnis zufrieden ist. Das erkennt er beispielsweise daran, dass er eine andere Körperhaltung hat, seine Stimme viel melodiöser klingt und er ruhig und kreativ bleibt.

So werden Sie Ihr Meisterregisseur

Hier einige Hilfsschritte für Sie auf dem Weg zum Meisterregisseur:

1 Erinnern Sie sich an einen tatsächlichen Theaterbesuch.
Fühlen Sie sich, wie Sie sich damals als Zuschauer gefühlt
haben. Setzen Sie sich genauso hin, atmen Sie genauso,
sehen Sie mit demselben Blick zur Bühne.

2 Der Vorhang geht auf. Sie werden Zuschauer einer Szene,
die Ihnen bekannt vorkommt. Nun haben Sie allerdings
die Aufgabe, Regie zu führen.

3 Betrachten Sie sich selbst auf der Bühne in der Verhandlung mit dem Partner. Überlegen Sie, welche Fähigkeiten der Schauspieler vor Ihnen auf der Bühne braucht, um die Situation zu meistern. Zeigen Sie ihm, wie er sich mit dem Partner unterhalten muss, wie sein Tonfall sein soll, wie seine Körperhaltung, damit sich beide in dieser Verhandlung wohl fühlen.

Als außen stehender Betrachter können Sie sich der Situation völlig entspannt und ohne Stress widmen. So haben Sie die optimalen Voraussetzungen für gute Regieanweisungen. Ihr Atem ist ruhig und gelassen. Sie fragen sich, was Sie sich als Regisseur sagen, zeigen, zuflüstern und zurufen müssen, damit Sie eine Zwei-Gewinner-Lösung erreichen.

4 Testen Sie die Wirkung dieses kleinen inneren Rollenspiels und verwandeln Sie sich jetzt in den Schauspieler, dem einige Tipps gegeben wurden, die er jetzt umsetzen muss. Was hat sich geändert? Arbeiten Sie auf eine optimale Situation hin. Beratschlagen Sie mit dem Regisseur im Parkett, wie Sie sich noch verbessern können. Am Ende gehen Sie ruhig und souverän auf die Bühne des wirklichen Lebens, in die wirkliche Verhandlung.

■ Optimieren Sie Ihre Vorbereitungen so, dass Sie mit einem positiven Gefühl in die Verhandlung gehen. Selbstzweifel durchschaut Ihr Verhandlungspartner sofort und wird sie für sich nutzen. ■

Effektiv und effizient verhandeln

Wie fängt man eine Verhandlung an? Wie treffen Sie den richtigen Ton und finden die richtigen Worte? Wie können Sie die Verhandlung lenken? Hier die Techniken und Tricks, die Sie zum Verhandlungsprofi machen.

Wie Sie beginnen

„Der erste Eindruck entscheidet!" Wie oft haben Sie diesen Satz nicht schon gehört? Doch obwohl dies eine so gängige Weisheit ist, schenken ihr viel zu wenig Menschen wirklich die nötige Beachtung.

Beispiel

Der Vermieter von Frau Karstens will die Miete so sehr heraufsetzen, dass Frau Karstens das nicht mehr für gerechtfertigt hält. Also haben sie sich zu einem Gespräch verabredet. Am Abend klingelt sie zur verabredeten Zeit bei ihrem Vermieter und fällt sofort mit der Tür ins Haus: „Guten Abend, Herr Becker. Also, das mit der Mieterhöhung, das geht ja so nicht. Schauen Sie sich doch mal um in der Nachbarschaft: Da zahlt keiner so viel!"

Ob Herr Becker seiner Mieterin gegenüber nun noch aufgeschlossen ist? Wahrscheinlicher ist, dass er denkt: „Na, der werde ich zeigen, wer hier im Recht ist!"

Schaffen Sie eine positive Atmosphäre!

Ganz anders sieht die Sache für Frau Karstens aus, wenn Sie das Gespräch etwa wie folgt beginnen: „Guten Abend, Herr Becker. Schön, dass Sie sich für dieses Gespräch Zeit genommen haben. Wie geht es Ihnen?" Ein solcher Einstieg schafft eine ungezwungene, freundliche Atmosphäre. Und die ist Voraussetzung für einen positiven Verlauf der Verhandlung!

Der berühmte Smalltalk ist ein wichtiges Element bei jeder Verhandlung. Dadurch, dass Sie nicht mit der Tür ins Haus fallen, zeigen Sie, dass Sie nicht nur Interesse an der eigentlichen Verhandlung, sondern auch Interesse an Ihrem Gesprächspartner haben. Für Sie ist Ihr Verhandlungspartner nicht ein Hindernis, das es zu überwinden gilt, sondern ein Mensch mit all seinen Stärken und Schwächen, der als solcher auch ernst genommen werden will.

Vielleicht entdecken Sie auch ein paar Gemeinsamkeiten, die den Einstieg einfacher machen und ein angenehmes Gesprächsklima schaffen.

Beispiel
Bei der ersten Verhandlung zur Vorbereitung einer Fusion entdeckten die Verhandlungsführer, dass sie an der gleichen Universität studiert hatten. Das Eis war ganz schnell geschmolzen und diese und die folgenden Verhandlungen liefen sehr konstruktiv.

Doch übertreiben Sie es auch nicht mit dem Smalltalk. Spätestens nach fünf Minuten sollten Sie zum eigentlichen Thema der Verhandlung überleiten, sonst kann es leicht passieren, dass die Zeit zu knapp wird oder Ihr Gegenüber sogar denkt: „Na, ist ja ganz nett. Aber wollten wir nicht über was ganz anderes sprechen? Nun gut, vielleicht ein andermal!" Und schon ist das Ziel verfehlt.

Wenn Sie folgende Punkte bei der ersten Begegnung beachten, haben Sie schon viel gewonnen:

- Begrüßen Sie Ihren Verhandlungspartner freundlich und mit Händedruck.

- Zeigen Sie ihm, dass Sie sich für ihn und seine Belange interessieren.

- Schaffen Sie durch Smalltalk eine angenehme und ungezwungene Gesprächsatmosphäre.

- Leiten Sie nach spätestens fünf Minuten freundlich, aber bestimmt zum eigentlichen Gesprächsthema über (Beispiel: „Herr Becker, ich sehe gerade, es ist schon gleich sechs Uhr. Wir wollten doch noch über die Mieterhöhung sprechen.")

■ Wichtig: Sprechen Sie Ihren Verhandlungspartner unbedingt mit seinem Namen an. Dadurch signalisieren Sie, dass Sie ihn ernst nehmen, dass er nicht „irgendwer" für Sie ist.   ■

Kleider machen Leute

Ebenso zum ersten Eindruck gehört Ihre Kleidung. Dabei spielt es natürlich eine große Rolle,

- in welchem Rahmen die Verhandlung stattfindet,
- was der Gegenstand der Verhandlung ist und
- wer Ihre Verhandlungspartner sind.

Wenn Sie mit einem Bankbeamten über die Einräumung eines Kredites reden wollen, werden Sie sich selbstverständlich anders kleiden als wenn Sie mit Ihren Kindern über eine Taschengelderhöhung verhandeln.

Als eine Faustregel kann gelten: Je offizieller der Verhandlungsrahmen, je bedeutender der Verhandlungsgegenstand und je mächtiger Ihre Verhandlungspartner, desto besser sollten Sie gekleidet sein.

Doch egal wie Sie sich kleiden: Wichtig ist, dass Sie sich in Ihrer Kleidung wohl fühlen.

Beispiel
Wenn Sie sonst immer nur Hosen tragen und dann plötzlich zum Anlass einer wichtigen Geschäftsverhandlung in ein enges Kostüm schlüpfen, wird Ihr Gesprächspartner ihr unsicheres Auftreten eventuell mit dem Verhandlungsgegenstand in Verbindung bringen. Er weiß ja schließlich nicht, dass diese Kleidung ungewohnt für Sie ist. In einem solchen Fall wären Sie mit einem Hosenanzug sicher besser bedient gewesen.

Hüten Sie sich auch davor, es mit der guten Kleidung zu übertreiben. Sicher haben Sie auch schon Situationen erlebt, in denen Sie „overdressed" waren, wie man so schön sagt, oder Sie haben jemand anderen in einer solchen Situation erlebt.

Wenn Sie sich bezüglich Ihrer Kleidung unsicher sind, gehen Sie lieber auf Nummer Sicher:

- dezente, unauffällige Kleidung (schließlich soll sich Ihr Verhandlungspartner auf den Verhandlungsgegenstand und nicht auf Ihr Kleidungsstück konzentrieren)
- ein Stil, der Ihrem Berufsbild entspricht (sofern es sich um eine geschäftliche Verhandlung handelt)
- auf gar keinen Fall legere Freizeitkleidung und auch kein ausgesprochener Festanzug. Das Ballkleid sollte im Schrank hängen bleiben.
- Seien Sie auch zurückhaltend mit Schmuck, Schminke und Düften. Das ist nicht jedermanns Sache und wirkt leicht aufdringlich oder unangenehm.

Wenn Sie Ihren Verhandlungspartner bereits kennen, versuchen Sie sich, soweit es noch in Ihrem Rahmen ist, ihm anzupassen. Je mehr Gemeinsamkeiten Sie finden, desto positiver wird das Gespräch verlaufen. Dies gilt auch in Bezug auf die Kleidung.

Was Sie zu Beginn der Verhandlung klären sollten

Wenn es sich um wichtige geschäftliche Verhandlungen handelt, sollten Sie vier formale Dinge gleich zu Beginn klären:

- den Ablauf der Verhandlung (Tagesordnung),
- den Verhandlungsführer (Moderator),
- die Namen und Positionen der Teilnehmer und
- das Protokoll.

Achten Sie darauf, dass wirklich alle wichtigen Punkte zur Sprache kommen. Fragen Sie Ihre Verhandlungspartner, ob Sie auch wirklich nichts vergessen haben (diese Aufgabe sollte der Moderator übernehmen). Sorgen Sie dafür, dass jeder Teilnehmer an der Verhandlung deren geplanten Ablauf schriftlich vor sich liegen hat (auch Aufgabenbereich des Moderators).

Bestimmen Sie einen Verhandlungsführer bzw. Moderator, der auf die Einhaltung der Tagesordnung achtet und das Wort erteilt. Idealerweise zählt der Moderator zu keiner der verhandelnden Parteien. Dies lässt sich in der Praxis aber selten einrichten. Meist stellt diejenige Partei den Verhandlungsführer, die zu dem Gespräch eingeladen hat.

Durch Namensschilder ist gewährleistet, dass Sie auch im weiteren Verlauf des Gesprächs die Aussagen den jeweiligen Personen zuordnen und sie später noch einmal darauf ansprechen können. Außerdem können Sie Ihre Gesprächspartner namentlich anreden. Sind auch noch die jeweiligen Funktionen der Teilnehmer genannt, gibt Ihnen das Hinweise darauf, wer wofür zuständig ist.

> ■ Versuchen Sie möglichst schon zu Beginn herauszubekommen, ob es eine so genannte „graue Eminenz" im Hintergrund gibt und wer das sein könnte. Meist ist es nicht derjenige, der am häufigsten das Wort ergreift. ■

Stellen Sie sicher, wer Protokoll führt und dass auch Zwischenergebnisse festgehalten und abgestimmt werden. Achten Sie darauf, dass alle Teilnehmer die Beschlüsse auch wirklich verstanden haben. So kommt es am Ende nicht zu Missverständnissen und Unstimmigkeiten.

Kommunikation ist alles!

Nun kommen wir zu dem eigentlichen Kern der Verhandlung, dem Verhandlungsgespräch.

Sprache und Körpersprache

Eine Verhandlung lebt von der Sprache. Hier spielt jedoch nicht nur das gesprochene Wort eine Rolle, sondern auch die Sprache, die Ihr Körper spricht: Ihre Körperhaltung, Ihr Gesichtsausdruck, Ihr Tonfall und vieles mehr. Die folgende Tabelle gibt Ihnen beispielhaft einige Deutungshinweise für körperliche Signale.

Körperliche Signale richtig deuten

Körpersprachliche Signale	Bedeutung
Stirn runzeln	Entrüstung
Augenbrauen heben	Ungläubigkeit oder Arroganz
keinen Blickkontakt halten	Unsicherheit, Konzentration

Gesprächspartner mit geradem Blick anschauen	Interesse
Oberkörper weit zurücklehnen	Desinteresse, Ablehnung
Oberkörper weit nach vorne beugen	Interesse, will unterbrechen
mit dem Stift spielen	Angst, Nervosität, Verkrampfung
mit den Fingern ein Spitzdach formen	Arroganz oder Einwände
Zeigefinger heben	Belehrung, Tadel
Beine übereinanderschlagen: zum Kunden hin vom Kunden weg	Aufbau eines Sympathiefeldes Ablehnung, Unwille
Füße verschränken	Unsicherheit

Selbstverständlich entspringen viele dieser Körpersignale auch schlicht einer Angewohnheit. Beobachten Sie sich: Wenn Sie spüren, dass irgendeine Ihrer Angewohnheiten negativ auf Ihren Gesprächspartner wirken könnte, arbeiten Sie daran. Hier einige Ratschläge:

- Gehen Sie ruhig und aufrecht auf Ihren Partner zu. Sehen Sie ihn dabei an.

- Wenn Sie stehen, tun Sie das aufrecht und lassen Sie die Arme seitlich am Körper. Stellen Sie die Füße mit einem leichten Abstand parallel.

- Wenn Sie sitzen, sitzen Sie ebenfalls aufrecht und lehnen Sie Ihren Rücken an die Stuhllehne. Bleiben Sie aber locker und ändern Sie Ihre Haltung von Zeit zu Zeit ein wenig. Das wirkt natürlicher.

- Sprechen Sie klar und deutlich, aber mit ruhiger Stimme. Machen Sie immer wieder Pausen. Unterstreichen Sie Ihre Worte mit entsprechender Betonung.

- Halten Sie Blickkontakt mit Ihren Verhandlungspartnern. So fühlen sie sich direkt von Ihnen angesprochen und Sie können sofort auf emotionale Regungen, die Ihre Worte hervorgerufen haben, reagieren.

Den richtigen Ton treffen

Ein bekanntes Sprichwort lautet: „Der Ton macht die Musik." Sorgen Sie dafür, dass Ihre Musik

- gefällt,
- nicht zum Schlaflied wird und
- wichtige Inhalte hervorhebt.

Bleiben Sie also freundlich und verfallen Sie nicht in Aggressionen. Wenn Sie spüren, dass sich bei Ihnen Wut ansammelt, ziehen Sie die Notbremse. Schlagen Sie eine kurze Pause zum „Luftschnappen" vor, gehen Sie auf Toilette oder tun Sie irgend etwas anderes, um erst einmal wieder ein wenig Abstand zu bekommen.

Vermeiden Sie unbedingt eintönige Monologe. Machen Sie gezielte Redepausen, unterstreichen Sie Ihre Worte. Sprechen

Sie Ihre Verhandlungspartner direkt an, stellen Sie ihnen Fragen. So halten Sie die Verhandlung am Laufen und die Verhandlungsteilnehmer wach.

> ■ Je nach Situation bietet sich vielleicht auch die ein oder andere humorvolle Bemerkung oder gar ein Witz an. Lachen entspannt und macht munter! ■

Mit Fragen den Gang der Verhandlung lenken

Ein Sprichwort lautet: „Wer fragt, führt!" Tatsächlich können Sie durch Fragen wesentlichen Einfluss auf den Gang der Verhandlung nehmen.

Fragen haben eine sehr aufbauende, motivierende Klangstruktur. Durch Fragen hat Ihr Verhandlungspartner auf sanfte Art eine Möglichkeit, seine Perspektive zu erweitern und auch neue Bilder anzusehen. Statt eines Befehls „Sie sollten auch meine Sicht einnehmen!", wird die Fragestruktur verwendet: „Welche Informationen über meine Ziele und Sichtweisen wären Ihnen jetzt nützlich?"

Es gibt verschiedene Kategorien von Fragen, die jeweils unterschiedlich auf Ihren Verhandlungspartner wirken:

■ Offene Fragen, die das Wie, das Was, das Wo, das Wer, das Wen und das Wann betreffen, erweitern den Blickwinkel Ihres Partners, lassen jedoch seine Zielbilder bestehen. Da Sie durch die Frage den Blickwinkel Ihres Partners erweitern können, führen Sie ihn.

> ■ Ausgenommen sind Warum-Fragen. Sie gehören zu den so genannten Killerphrasen, weil sie oft mit einer Befehlssituation verbunden sind und nur zur Rechtfertigung, nicht aber zur Zielorientierung führen.   ■

- Alternativfragen eignen sich für die Entscheidungsfindung und den Abschluss, wenn die Alternativen bekannt sind: „Sollen wir das Protokoll zufaxen oder mailen?" – „Wollen wir den Experten X oder Y hinzuziehen?"

- Schließende Fragen ermöglichen als Antwort nur ein Ja oder Nein. Sie führen oft in eine Sackgasse, wenn sie zu sehr einengen.

- Suggestivfragen wie z. B. „Sie suchen doch eine gute Lösung?" lassen typischerweise nur eine Antwort zu und zielen auf ein Ja als Entscheidungsbestätigung. Vorsicht: Solche Fragen werden oft als manipulativ angesehen.

Sprechen Sie in der Ich-Form

Wenn Sie über sich und Ihre Ziele sprechen, klären Sie den anderen auf, ohne ihn zu manipulieren. Aber Sie beeinflussen ihn dennoch. Sonst könnte Ihr Partner Ihre Äußerungen gar nicht nachvollziehen.

Die Ich-Aussage macht Ihre eigenen Ziele und Bilder klar. Mit ihr erweitern Sie ebenso wie mit der Fragestruktur die Zielbilder Ihres Partners, ohne sie zu zerstören. Daher raten auch viele Psychologen: Sprechen Sie von sich selbst und nicht von „man", „die Leute" oder „sie"!

Ein gutes Kommunikationsmittel ist die Kombination von Ich-Aussage und anschließender offener Frage: „Ich möchte Ihre Ziele gern kennen lernen: Was genau ist Ihnen wichtig?"

Benutzen Sie rhetorische Stilmittel

Um Ihre Beiträge möglichst anschaulich und lebendig vorzutragen, sollten Sie auch die Benutzung rhetorischer Stilmittel in Betracht ziehen:

- Unterstreichen Sie Ihre Worte durch Metaphern oder auch Sprichwörter, zum Beispiel: „Der Spatz in der Hand ist mir lieber als die Taube auf dem Dach. Deshalb ..."

- Erregen Sie Aufmerksamkeit, indem Sie wichtige Punkte in Form einer Aufzählung bringen: „Drei Dinge sprechen für diese Lösung: erstens ..., zweitens ... und schließlich drittens ..."

- Verwenden Sie Wiederholungen: „Sie brauchen ..., Sie brauchen ... und Sie brauchen ..."

- Steigern Sie Ihre Worte, beispielsweise so: „Mit diesem – und genau diesem! – Konzept können wir erreichen, dass ..."

- Wenn Ihnen ein passender Reim einfällt, reimen Sie: „Und hier: Bad und Küche in neuer Frische!"

- Auch Wortspiele lockern Ihren Beitrag auf und prägen sich ein: „Besser ein Ende mit Schrecken als ein Schrecken ohne Ende!"

- Durch gewisse Umstellungen im Satzbau können Sie die Wirkung einzelner Worte erhöhen: „Sicherheit und Stabilität, das können wir durch diesen Vertrag erreichen."

Ins Fettnäpfchen getreten?

Gerade wenn Sie Ihren Verhandlungspartner nicht so genau kennen, kann es leicht vorkommen, dass Sie mit der ein oder anderen Bemerkung plötzlich ins berühmte Fettnäpfchen treten:

Beispiel

Sie wollen ein Auto verkaufen und stellen es einem Interessenten mit den Worten vor: „Sie glauben gar nicht, was der alles drauf hat. In nullkommanix sind Sie mit dem bei 180 Sachen. Und die Straßenlage erst! Da hängen Sie wirklich jeden ab."

Daraufhin lässt Ihr pozentieller Käufer eine Schimpftirade auf Sie nieder: „So, Sie gehören also auch zu diesen rücksichtslosen Rasern, denen es nur auf Schnelligkeit ankommt und denen Menschenleben egal sind. Mit Ihnen mache ich ganz bestimmt keine Geschäfte. Auf Wiedersehen!" Er dreht sich um und geht.

Was ist passiert? Um das Verhalten dieses Mannes zu verstehen, müssten Sie seine Vorgeschichte kennen: Vor Jahren war sein bester Freund einmal in einen Autounfall verwickelt. Auf der Autobahn ist ein Fahrzeug mit hoher Geschwindigkeit von hinten auf seinen Wagen aufgefahren. Seitdem ist dieser Freund querschnittsgelähmt.

Hätten Sie das im Voraus gewusst, hätten Sie sicher andere Vorzüge Ihres Wagens in den Vordergrund gestellt. Nun ist es dafür zu spät, diesen Käufer können Sie für alle Zeiten abschreiben.

Wie können Sie den Tritt in solcherlei Fettnäpfchen vermeiden?

- Kommen Sie nicht gleich zur Sache, sondern lernen Sie Ihr Gegenüber erst einmal ein wenig kennen.

- Fragen Sie, was Ihrem Verhandlungspartner besonders wichtig erscheint, über welche Punkte er zuerst sprechen möchte.

- Versuchen Sie die Wünsche und Interessen Ihres Verhandlungspartners herauszubekommen.

- Beobachten Sie Ihren Verhandlungspartner genau: Wenn er bei bestimmten Themen zusammenzuckt, sprechen Sie diese möglichst nicht mehr an. Falls das nicht geht, fragen Sie freundlich, was ihn an Ihrer Bemerkung stört. Machen Sie klar, dass Sie ihn nicht in eine unangenehme Situation bringen oder vor den Kopf stoßen wollten.

Machen Sie auf gar keinen Fall den Fehler wie in dem Beispiel und platzen Sie gleich euphorisch und ohne eine Reaktion abzuwarten auf Ihr Gegenüber los. Selbst wenn Ihr Käufer nicht eine solch tragische Geschichte erlebt hätte, wäre ihm ein solches Überfallen-Werden vielleicht unangenehm gewesen. Tasten Sie sich langsam voran!

Achtung, Killerphrasen!

Es gibt bestimmte Redewendungen, die Sie bei Verhandlungen komplett aus Ihrem Wortschatz streichen sollten: die so genannten „Killerphrasen".

Ihnen allen ist gemein, dass sie eine deutlich negative Wirkung auf unsere Stimmung haben, dadurch aggressive oder depressive Gefühle auslösen und die gute Verhandlungsatmosphäre gefährden, wenn nicht gar zerstören.

Die Liste der Gesprächskiller scheint unerschöpflich. Hier einige Beispiele:

- Das haben wir doch noch nie so gemacht!
- Sie immer mit Ihren merkwürdigen Ideen!
- Ist Ihnen eigentlich bewusst, in welcher Zeit wir leben? Ihre Vorschläge passen ins Mittelalter!
- Das kann doch gar nicht klappen!
- Unmöglich!

Egal, welchen dieser Sätze (die Liste lässt sich beliebig erweitern) Sie äußern, Ihr Gesprächspartner wird sich persönlich getroffen fühlen. Schließlich ziehen Sie seinen gesunden Menschenverstand in Zweifel! Er hat ja in Ihren Augen nicht ausreichend nachgedacht, bevor er seinen Vorschlag geäußert hat.

Wer auf seine Äußerungen mit solchen Reaktionen rechnen muss, hält oft lieber ganz den Mund. Die Folge: kein frischer Wind, keine Ideenvielfalt, statt dessen Stillstand.

Wie Sie reagieren können, wenn Sie selbst mit solchen Killerphrasen konfrontiert werden, lesen Sie im Kapitel „Was tun, wenn es schwierig wird?" ab Seite 109.

Die „graue Eminenz" im Hintergrund

Gerade wenn Ihre Verhandlungspartner im Team auftreten, ist es für Sie wichtig zu erkennen, wer genau das Sagen hat. Häufig ist das nämlich nicht derjenige, der am meisten redet, sondern die berühmte „graue Eminenz" im Hintergrund. Hier einige Kriterien, an denen Sie sie erkennen können:

- Auf welches Teammitglied richten sich die meisten fragenden Blicke Ihrer Verhandlungspartner?
- Wer scheint am aufmerksamsten zuzuhören?
- Wer spricht zwar wenig, stellt aber, wenn er etwas sagt, gezielte Fragen?
- Wer macht sich sorgfältige Notizen und beobachtet seine Verhandlungspartner genau?

Wenn Sie einen bestimmten Verdacht haben, sprechen Sie diese Person ruhig auch einmal an: „Frau Mehdorn, Sie haben noch gar nichts gesagt. Was meinen Sie eigentlich zu diesem Punkt?"

Auch Zuhören will gelernt sein

Eine wichtige Komponente für ein erfolgreiches Verhandlungsgespräch haben wir nun noch gar nicht angesprochen: das Zuhören.

Das, was hier zunächst so selbstverständlich und einfach erscheint, entpuppt sich bei vielen Menschen bei genauerem Hinsehen als außerordentlich schwierig. Hören und Zuhören sind nämlich zwei völlig verschiedene Paar Stiefel.

Beobachten Sie sich einmal selbst:

- Konzentrieren Sie sich immer völlig darauf, was Ihr Gegenüber Ihnen sagt?

- Neigen Sie dazu, Ihren Gesprächspartner immer wieder zu unterbrechen, weil Ihnen gerade etwas Wichtiges eingefallen ist?

- Wenn Ihnen etwas unklar ist: Fragen Sie bei Ihrem Gesprächspartner nach oder interpretieren Sie seine Worte einfach stillschweigend so, wie Sie glauben, dass er es wohl gemeint habe?

Zuhören bedeutet nicht nur, die Worte zu hören, es bedeutet auch, die Worte in all ihrer Bedeutung zu erfassen, sie im Sinne ihres Sprechers verstanden zu haben.

Wie schwierig richtiges Zuhören ist, wird uns erst richtig bewusst, wenn wir einmal unsere Denk- und unsere Sprechgeschwindigkeit einander gegenüberstellen. Während wir ca. 500 Wörter pro Minute in unserem Gehirn aufnehmen können, liegt unsere Sprechgeschwindigkeit bei nur 100 bis 150 Wörtern pro Minute. Wie leicht driften wir da in unsere eigenen Gedanken ab, statt uns ganz auf unseren Gesprächspartner zu konzentrieren?

Beispiel

Ihr Chef spricht Sie an: „Letzte Woche sind Sie schon wieder dreimal zu spät ins Büro gekommen. Das muss endlich ein Ende haben. In Zukunft möchte ich, dass ..." Mehr haben Sie von seinen Worten nicht mitbekommen. Statt dessen spuken in Ihrem Kopf Gedanken herum wie: „Was? Ich bin doch nur zweimal zu spät gekommen! Wie kommt er denn auf dreimal? Und wieso hackt er denn immer auf mir herum? Immerhin leiste ich doch gute Arbeit! …"

Es gibt gewisse Fälle, in denen es Ihnen bei allem guten Willen fast unmöglich sein wird, richtig zuzuhören:

- Sie stehen unter Stress und/oder Zeitdruck.
- Sie werden (wie in dem Beispiel) direkt angegriffen.
- Sie sind körperlich in keiner guten Verfassung (müde, Kopfschmerzen u. Ä.).
- Sie haben es sich zur (schlechten) Angewohnheit gemacht, immer gleich weiterzudenken oder gar zu unterbrechen.
- Sie respektieren Ihren Gesprächspartner nicht.
- Sie gehen bereits mit einer vorgefassten Meinung in das Gespräch und rechnen nicht damit, neue Aspekte zu erfahren.

Hier einige Tipps, wie Sie ein guter Zuhörer werden:

- Führen Sie wichtige Gespräche auf keinen Fall, wenn es Ihnen nicht gut geht. Bitten Sie Ihren Verhandlungspartner um einen anderen Gesprächstermin.
- Ziehen Sie die Notbremse, wenn Sie sich angegriffen fühlen. Sagen Sie Ihrem Gesprächspartner, wie seine Worte bei Ihnen angekommen sind, und bitten Sie ihn, Ihnen in kleinen Häppchen seine Auffassung zu begründen.
- Üben Sie mit Freunden das Zuhören:

- Wenn Ihr Problem ist, dass Sie ständig unterbrechen wollen, stellen Sie einen kleinen Wecker auf den Tisch. Nehmen Sie sich vor, Ihren Gesprächspartner wenigstens eine halbe Minute lang reden zu lassen, ohne zu unterbrechen. Nach und nach steigern Sie die Zeit, in der Sie nichts sagen dürfen.

- Wenn Sie schnell unaufmerksam werden und Ihren eigenen Gedanken nachgehen: Bitten Sie Ihren Gesprächspartner, seine Rede an einer beliebigen Stelle zu unterbrechen. Ihre Aufgabe ist es nun, seinen letzten Satz wörtlich wiederzugeben. Steigern Sie mit der Zeit den Schwierigkeitsgrad und wiederholen Sie seine letzten beiden, drei oder gar vier Sätze.

■ Wenn Sie von Ihrem Gesprächspartner nicht viel halten, vielleicht weil Sie in der Vergangenheit schon mehrmals von ihm enttäuscht wurden, versuchen Sie sich von Ihrem Vorurteil frei zu machen. Stellen Sie sich vor, Sie begegnen einem völlig neuen Menschen. Seien Sie neugierig auf ihn und auf seine Worte. Zugegeben, das mag nicht ganz einfach sein, aber versuchen Sie es dennoch. Sagen Sie sich: „Er hat sich in den letzten Wochen völlig verändert. Ich bin gespannt, was er mir zu sagen hat."

Achtung, Vielschwätzer!

Doch was können Sie tun, wenn Sie es mit einem der berühmten „Vielschwätzer" zu tun haben, der eigentlich gar nichts mehr zu sagen hat, sich aber selbst gern sprechen hört?

Wenn Sie in einem solchen Fall weiterhin ein „guter Zuhörer"
bleiben wollen, geht der Schuss leicht nach hinten los. Die
Verhandlung zieht sich ewig hin, Sie werden immer ärgerli-
cher und der positive Abschluss rückt in weite Ferne.

Wenn Sie in einem Team verhandeln, beobachten Sie die anderen Teilnehmer. Sobald Sie den Eindruck haben, dass einer
von ihnen gerne das Wort hätte, sprechen Sie ihn an: „Herr
Pfaff, ich glaube, Sie wollten gerade etwas sagen." Erleichterung wird sich breit machen und Herr Pfaff wird dankbar seinen Redebeitrag leisten. Und niemand wird Ihnen vorwerfen
können, Sie hätten den vorherigen Redner vorlaut unterbro-
chen.

Findet die Verhandlung nur unter vier Augen statt, so warten
Sie einen geeigneten Augenblick ab, in dem Ihr Gesprächspartner vielleicht eine kleine Pause zum Luftholen macht
und/oder gerade einen Punkt angesprochen hat, über den Sie
gerne weiter sprechen würden. Sagen Sie: „Herr Friedrich, darf
ich Sie einmal kurz unterbrechen. Sie haben gerade unsere
neuen Qualitätsstandards angesprochen. Dazu hätte ich noch
Folgendes zu sagen ..."

Das aktive Zuhören

Eine gute Möglichkeit, Ihrem Gesprächspartner das Gefühl zu
vermitteln, dass Sie sich für ihn und seine Interessen und Ansichten interessieren, und außerdem Missverständnisse zu
vermeiden, ist das so genannte „aktive Zuhören".

Während wir häufig in Gesprächen unserem Gegenüber durch Nicken, „hmmm" und ähnliche Äußerungen signalisieren, dass wir ihm zuhören (oder auch, dass wir uns am Einschlafen hindern wollen?), geben wir beim aktiven Zuhören das gerade Gesagte noch einmal in eigenen Worten wieder. Vielleicht ergänzen Sie den Gedankengang noch ein wenig in die Richtung, wie Sie es verstanden haben. In dem Beispiel oben könnte das wie folgt aussehen:

Beispiel

Ihr Chef: „Letzte Woche sind Sie schon wieder zweimal zu spät ins Büro gekommen. Das muss endlich ein Ende haben." – „Sie haben sich sicher geärgert, dass am Mittwoch die Sitzung erst eine halbe Stunde später stattfinden konnte, weil ich noch nicht da war." – „Richtig! Das kann so nicht weitergehen. Sie können doch nicht alle Welt warten lassen. Schließlich haben wir alle unsere Aufgaben zu erledigen." – „Ja, ich weiß, Sie haben immer sehr viel zu erledigen. Da ärgert Sie jede Minute, die Sie nur mit Warten verbringen." – „Also, tun Sie mir den Gefallen und seien Sie in Zukunft pünktlich!" – „Ja, ich werde mich bemühen. Leider kommt es bei meinem Zug immer wieder zu Verspätungen. Aber ich werde das nächste Mal daran denken und auf jeden Fall anrufen, damit Sie Bescheid wissen und nicht unnötig warten."

Achten Sie darauf, dass Sie beim aktiven Zuhören nicht in Floskeln verfallen, die Ihren Gesprächspartner denken lassen, Sie fühlten sich ihm überlegen, z. B.: „Ja, so ist es mir auch schon mal ergangen. Aber wenn Sie es genau betrachten, ist das doch gar nicht so schlimm ..."

So signalisieren Sie Interesse

Hier einige Formulierungen, mit denen Sie Ihrem Gesprächspartner Interesse signalisieren:

- Habe ich Sie richtig verstanden? Meinen Sie, dass ...?
- Ich habe den Eindruck, dass ...
- Aus Ihrer Sicht ist ...
- Täusche ich mich oder ...?
- Sie scheinen das Gefühl zu haben, dass ...
- Das scheint für Sie ein Problem zu sein.

Sie merken schon: Mit solchen Sätzen geben Sie Ihrem Gesprächspartner nicht nur das Gefühl, dass Sie ihn und seine Interessen ernst nehmen. Sie geben ihm auch ein Mittel an die Hand zu erkennen, wie seine Worte bei Ihnen angekommen sind, und die Chance, eventuelle Missverständnisse gleich zu korrigieren.

Machen Sie sich Notizen

Gerade bei sehr komplexen Verhandlungsthemen, bei längeren Redephasen Ihres Verhandlungspartners und/oder bei langen Rednerlisten, wenn viele Personen an der Verhandlung beteiligt sind, hat es sich als nützlich erwiesen, sich während des Zuhörens Notizen (kurze Stichworte reichen!) zu machen. Das hat folgende Vorteile:

- Sie unterdrücken den Impuls, den Redner zu unterbrechen.
- Sie können einen eventuell aufkommenden Ärger Ihrerseits bereits auf dem Papier abreagieren und haben sich bis zu Ihrer späteren Antwort beruhigt.
- Sie haben den Kopf frei für die Punkte, die sonst noch angesprochen werden.

- Sie selektieren schon beim Zuhören Wichtiges von Unwichtigem.

- Sie können sicher sein, dass Sie wirklich auf alle wesentlichen Dinge eingehen, wenn Sie an der Reihe sind zu sprechen.

- Ihr Verhandlungspartner fühlt sich ernst genommen, wenn Sie es für nötig erachten, sich Notizen zu seinen Worten zu machen.

Ziele statt Positionen

Wenn Sie bei Verhandlungen gleich eine bestimmte Position einnehmen, besteht die Gefahr, dass Sie sich selbst Fangstricke stellen und ein späteres Einlenken für Sie schwierig wird.

Beispiel

Herr Meier beobachtet, dass die Leitzinsen zurückgehen. Er will von seiner Bank daher eine Senkung des Zinssatzes seines Dispokredits erreichen, der bei ihm sehr zu Buche schlägt. Er sagt zum Schalterbeamten: „Die Leitzinsen sind gesenkt worden. Ich verlange, dass das auch bei meinen Dispozinsen geschieht! Wenigstens die Hälfte der Zinssenkung möchte ich haben."

Herr Meier wird jetzt vielleicht drohen, sein Konto abzuziehen, die Bank wird vertagen, um dann schriftlich abzulehnen. Da Herr Meier z. Zt. seinen Dispokredit nicht ablösen kann, bleibt alles beim Alten.

Die Misserfolgskriterien sind hier:

- Feilschen um Positionen statt verhandeln, um Interessen zu befriedigen;
- Gesprächsformen, die den guten Draht gefährden oder gar zerstören.

Konstruktive und Erfolg versprechende Verhandlungen bauen hingegen auf folgenden Schritten auf:

- Jeder überlegt sich seine beste Alternative und die des Partners (Herr Meier sucht sich eine andere Bank; die Bank konzentriert sich auf Kunden, die weniger preissensibel sind als Herr Meier).
- Jeder nennt seine Ziele (Herr Meier: Senkung des Zinssatzes, Bank: gute Bonität).
- Jeder nennt seine Gründe für seine Ziele (Leitzinssenkung versus Belohnung guter Kunden).

Beispiel

Herr Meier: „Mein Überziehungskredit ist sehr hoch. Die Leitzinsen sind gesenkt worden. Inwieweit können Sie auch den Zinssatz für meinen Dispokredit senken?"

Der Bankbeamte: „Ja, die Zinssenkung schlägt sich durchaus durch, je nach Bonität des Kunden. Es kommt also primär darauf an, wie sicher Sie die Kreditlinie einhalten. Ich prüfe das schnell nach und melde mich dann telefonisch bei Ihnen. Wann kann ich Sie heute noch erreichen?"

Nun wissen beide Seiten die Gründe, nach denen der Partner entscheidet. Worauf es jetzt ankommt, sind die folgenden Punkte:

- Herr Meier muss die Bank überzeugen, dass er zu den guten Kunden gehört (die Einhaltung der Kreditlinie ist ein Maßstab, vielleicht gibt es ja weitere wie z. B. Zunahme seiner Umsätze etc.).

- Die Bank muss bei einer Ablehnung der Zinssenkung Herrn Meier überzeugen, dass er die Bedingungen nicht erfüllt.

- Beide müssen sich über objektive Kriterien zur Erfüllung einigen, sodass Herr Meier eine Zinssenkung doch noch erreichen könnte.

Derartig offene und konstruktive Verhandlungen führen schnell zu einer neuen, stabilen Vereinbarung.

Dem Partner helfen, sich selbst zu überzeugen

Ein kluger Mensch hat einmal gesagt: „Es ist unmöglich, jemanden von etwas zu überzeugen. Man kann ihm nur helfen, sich selbst zu überzeugen." Was bedeutet das für Sie, wenn Sie sich in einer Verhandlungssituation befinden?

Versetzen Sie sich in die Situation des anderen hinein. Finden Sie genau heraus, was ihm wichtig ist und was nicht. Sie müssen ihm Ihre Ziele auf eine Weise schmackhaft machen, die ihn erkennen lässt, dass seine eigenen Ziele dabei unterstützt werden.

Beispiel

Der leitende Ingenieur eines Fertigungsbetriebs diskutiert mit der kaufmännischen Geschäftsführung über eine ständige Kapazitätsüberbelastung, wodurch die laufenden Maschinen extrem schnell abgenutzt werden. Die gewünschte Problemlösung auf technischer Seite wäre die Anschaffung einer neuen Maschine. Um die Geschäftsführung von einer (auch für sie realisierbaren) Investition zu überzeugen, sollte der Ingenieur in seiner Argumentation auch kaufmännische Belange berücksichtigen.

Ihre Aufgabe als Verhandelnder ist es, die Merkmale und Eigenschaften Ihres Angebots (= Argumente) so darzustellen und anzusprechen, dass die Interessen Ihres Verhandlungspartners ebenfalls direkt angesprochen werden. Je mehr Übereinstimmung hier herrscht, desto wichtiger ist Ihr Angebot für Ihren Partner und desto eher ist er bereit, dafür die geforderte Gegenleistung zu erbringen.

In der Regel geht es darum, den Nutzen Ihres Angebots für die Bedürfnisbefriedigung Ihres Verhandlungspartners herauszuarbeiten. Man spricht hier von Interessenargumentation.

Interessenargumentation

Um diese flüssig und geschmeidig in wortgewandte Sprache zu kleiden, sollten Sie als Verhandelnder folgende Punkte beachten:

- Durch den Sie-Standpunkt stellen Sie den Partner in den Mittelpunkt Ihrer Argumentation.
- Durch geschickt gewählte Wörter, Verben und Adjektive können Sie die Vorteile für den Partner besonders herausstellen. Beispielsweise können Sie so genannte Überleitungsformulierungen verwenden wie
  - „Das bedeutet für Sie ..."

- „Das erspart/zeigt Ihnen ..."
- „Das ermöglicht/garantiert Ihnen ..."

Beispiel

Herr Brose hat in seine Mietwohnung sehr viel Zeit und Geld investiert. Er hat Parkett gelegt, das Badezimmer neu gefliest und die Heizkörper frisch gestrichen. Daher fordert er von seinem Vermieter, in diesem Jahr auf die turnusmäßige Mieterhöhung zu verzichten.

Die folgende Tabelle kann ihm helfen, sein Ziel durchzusetzen:

Interessen des Vermieters	Angebot	Übergangsformulierung		Nutzen
		Vorteil	Sie-Standpunkt	
Wert-steigerung	„Durch die Renovierung steigt der Wert der Wohnung beträchtlich."	„Das bedeutet ...	... für Sie, dass ...	... Sie bei einer Neuvermie-tung gleich sehr hoch einsteigen können."

Ein weiteres Beispiel soll Ihnen veranschaulichen, wie Sie mit Hilfe dieser Technik etwa eine Gehaltserhöhung durchsetzen können:

Beispiel

Frau Merck hat, seit Sie in dem Betrieb arbeitet, sehr viel für das Unternehmen geleistet. Sie hat viele neue Ideen eingebracht und motivierend auf ihre Kolleginnen und Kollegen gewirkt.

Nun meint sie, es sei an der Zeit, eine Gehaltserhöhung zu bekommen. Sie spricht ihren Chef darauf an: „Herr Konrad, Sie haben mir gegenüber schon wiederholt erwähnt, welchen Sprung die Firma genommen hat, seit ich dabei bin, und dass dies nicht zuletzt meinem Einsatz zu verdanken sei. Das freut mich natürlich, vielen Dank. Dieser Erfolg hat sich für das Unternehmen sicher auch finanziell sehr günstig ausgewirkt. Haben Sie sich schon einmal überlegt, inwiefern Sie mir durch eine Gehaltserhöhung ein Stück von diesem Kuchen abgeben könnten? Sie werden auch in Zukunft mit meinem überdurchschnittlichen Einsatz rechnen dürfen. Eine Gehaltserhöhung wird sich mit Sicherheit für Sie bezahlt machen."

Zum guten Ende kommen

Es ist geschafft: Nach mehr oder weniger langen Verhandlungsgesprächen steht nun der Vertragsabschluss unmittelbar vor der Tür. Ist es wirklich geschafft?

Manchmal reicht schon ein unbedachtes Wort, eine kleine Geste, und der ganze Erfolg ist mit einem Schlag zunichte gemacht:

Beispiel

Sie möchten einen Gebrauchtwagen kaufen. In der Zeitung sehen Sie eine interessante Anzeige. Sie rufen an und vereinbaren einen Termin.

Der Verkäufer schildert Ihnen alle Vorteile des glänzend polierten Wagens, wie zuverlässig er sei, wie wenig Kilometer er erst auf dem Tacho habe usw. Nach einer kleinen Probefahrt sind Sie überzeugt, dass Sie das Fahrzeug kaufen werden. Auch der Preis erscheint Ihnen recht günstig.

Gerade als Sie den Kaufvertrag unter Dach und Fach bringen wollen, sehen Sie, wie der Verkäufer seiner Frau am Fenster mit erhobenem Daumen seinen Geschäftserfolg signalisiert. Das süffisante Lachen der Frau macht Sie stutzig. Sie beschließen, den Wagen doch noch ein bisschen genauer unter die Lupe zu nehmen. Zwar finden Sie auch bei genauerem Hinsehen keinen Mangel, aber das Vertrauen zu dem Verkäufer ist erschüttert. Sie entschuldigen sich mit den Worten: „Oh, das tut mir aber leid, Herr Meier, ich hatte ganz vergessen, dass ich jetzt meinen Sohn vom Training abholen muss. Ich rufe Sie nachher nochmal an."

Was ist hier falsch gelaufen? Es hätte für beide Seiten ein wirklich gutes Geschäft sein können. Ein harmloses, von Ihnen aber falsch gedeutetes Lachen der Ehefrau hat alles kaputt gemacht.

So sichern Sie den Verhandlungserfolg

Um nicht selbst in eine solche Situation zu kommen wie Ihr Verhandlungspartner in dem Beispiel, beachten Sie Folgendes:

- Stellen Sie nicht Ihren eigenen Verhandlungserfolg in den Mittelpunkt, sondern den Ihres Verhandlungspartners. Es ist von allergrößter Bedeutung, dass er noch über den Vertragsabschluss hinaus das sichere Gefühl hat, ein gutes Geschäft gemacht zu haben.

- Vermeiden Sie unsichtbare Beobachter im Hintergrund (wie im Beispiel die Ehefrau), die einen falschen Verdacht aufkommen lassen könnten.

- Feiern Sie den Vertragsabschluss zusammen mit Ihrem Verhandlungspartner, z. B. mit einem Gläschen Sekt.

Wenn Sie mit Ihrem Verhandlungspartner eine dauerhafte gute Geschäftsverbindung anstreben:

■ Erkundigen Sie sich nach einiger Zeit, ob Ihr Verhandlungspartner mit dem Vertragsabschluss nach wie vor zufrieden ist. Falls es irgendwelche Probleme gibt, bieten Sie ihm entsprechende Abhilfe an.

Hier ein Beispiel des positiven Abschlusses einer Gehaltsverhandlung:

Beispiel
Frau Zeiss, Inhaberin eines Schreibbüros, und ihre Angestellte, Frau Baumeister, haben gerade ihr Gespräch über eine Gehaltserhöhung zu Ende geführt. Beide sind mit dem erzielten Ergebnis zufrieden. Frau Zeiss fragt Frau Baumeister, ob sie nach Feierabend noch ein wenig Zeit hätte. Sie möchte gerne mit ihr auf die bisherige erfolgreiche Zusammenarbeit, das zufrieden stellende Ergebnis der Verhandlung und ein weiterhin gutes Arbeitsklima anstoßen. Frau Baumeister nimmt die Einladung gerne an, der Tag bleibt beiden positiv in Erinnerung und wirkt entsprechend auf das Arbeitsverhältnis nach.

Wichtig: das Protokoll

Nicht immer endet eine Verhandlung mit einem schriftlichen Vertrag. Auf jeden Fall sollten Sie jedoch Ergebnisse – auch Zwischenergebnisse – schriftlich festhalten und zusammenfassen. Bei komplizierten und folgenschweren Verhandlungen ist es optimal, wenn Teilschritte protokolliert werden.

Beispiel

Der Leiterin der Datenverwaltung, Frau Maurer, wird eine Gruppe von 15 Auszubildenden angekündigt, die eine Woche lang die gängigen Verwaltungsprogramme kennen lernen sollen. Grund ist die Krankheit eines Kollegen, der sie in seiner Abteilung einarbeiten sollte. Frau Maurer ist entsetzt, denn ihre Abteilung steht gerade wegen einer Umstellung unter hoher Arbeitsbelastung.

Das erste Teilergebnis ist, dass der Personalchef den Verwaltungsleiter hinzuzieht und alle drei beraten, wer die Auszubildenden am besten in die Programme einführen könnte. Man einigt sich auf eine Liste fähiger Anwender. Der zweite Teilschritt ist, dass der Personalchef mit allen Betroffenen einzeln verhandelt. Im letzten Teilschritt protokolliert die DV-Abteilung, wie erfolgreich die Ausbildung war. Mehr hat sie nicht zu tun.

Für das Protokoll sollten Sie Folgendes beachten:

- Notieren Sie möglichst die Werte des Partners, die zur Einigung führten.
- Beziehen Sie Korrekturen sofort mit ein.

Fragen Sie nach einer gewissen Zeit nach, wie zufrieden der Partner mit der Lösung ist und ob alles eingetreten ist, was vereinbart wurde.

Möglichkeiten der Visualisierung

Spätestens zum Ende der Verhandlung ist es bei komplexeren Themen und Beschlüssen unbedingt ratsam, die Ergebnisse und Zwischenergebnisse, vielleicht auch die verschiedenen Frage- und Problemstellungen optisch darzustellen. Hierzu gibt es verschiedene Möglichkeiten:

- großes Blatt Papier (mindestens DIN A4, besser größer),
- Pinnwand,
- Flipchart,
- Overheadprojektor.

Arbeiten Sie mit verschiedenen Farben und fertigen Sie die Darstellungen (egal ob Worte oder Graphiken) erst während der Verhandlung an. Vorgefertigte Papiere und Folien werden oft viel zu schnell „abgearbeitet", bevor der Betrachter sie überhaupt richtig aufgenommen hat.

Je mehr die verschiedenen Verhandlungspunkte, Meinungen und Ziele anschaulich dargestellt werden, desto besser lassen sich Zusammenhänge und Gegensätze erkennen. Außerdem fassen die Verhandlungsteilnehmer das Gesagte viel besser auf.

Zur Darstellung bieten sich etwa an:

- Tabellen,
- Balken- oder Punktdiagramme,
- Aufzählungen oder
- Kreise.

Denken Sie bei der Visualisierung daran, die Sicht Ihres Verhandlungspartners und nicht Ihre eigene Sicht einzunehmen. Viele weitere Tipps hierzu finden Sie übrigens im Taschenguide „Präsentieren".

Wenn der Verhandlungspartner noch zögert

Nicht immer kommt es bei einer Verhandlung zu einer Einigung und einem entsprechenden Vertragsabschluss. Manchmal klaffen die Ziele der Beteiligten einfach zu weit auseinander, müsste einer von ihnen zu große Zugeständnisse machen, als dass es zu einem positiven Abschluss kommen könnte.

Es gibt aber auch die Situation, wo Sie denken: „Eigentlich ist doch jetzt alles perfekt. Warum unterschreibt er denn nicht?"

Versuchen Sie in diesem Fall herauszubekommen, welches die versteckten Gründe für sein zögerliches Verhalten sind:

- Gibt es doch einen Passus, hinter dem er nicht hundertprozentig steht? Haben Sie ihn vielleicht an einer Stelle ungewollt überrumpelt?

- Hat der Vertrag zu große Konsequenzen, als dass er ihn gleich unterschreiben möchte? Braucht er vielleicht noch ein bisschen Bedenkzeit?

- Muss oder möchte er vielleicht noch Rücksprache mit einem Kollegen, Geschäftspartner, Freund oder Ehepartner halten?

- Ist irgendein wichtiger Punkt nicht oder zu knapp behandelt worden?

- Hat er vielleicht gar kein echtes Interesse an einem Vertragsabschluss? Hat er womöglich bessere Alternativen?

Je nachdem, welches die Gründe für sein Zögern sind, sollten Sie

- den Vertrag nachbessern,

- sich zu einem anderen Zeitpunkt noch einmal treffen oder

- die Verhandlung als gescheitert betrachten.

Auf gar keinen Fall sollten Sie Ihren Verhandlungspartner zu einem Vertragsabschluss drängen. Die Gefahr, dass es dann zu Unzufriedenheit und Ärger kommt, ist einfach zu groß.

Eine besondere Situation: Verhandeln am Telefon

Das Verhandeln am Telefon wirft besondere Probleme auf. Wichtige Verhandlungen sollten Sie daher möglichst nicht am Telefon führen. Hier sind die Hauptschwierigkeiten, die das Medium Telefon aufwirft:

- Sie wissen nicht, womit Ihr Verhandlungspartner gerade beschäftigt ist. Vielleicht stören Sie ihn gerade bei einer wichtigen Arbeit.
- Ihr Verhandlungspartner erwischt Sie in einem ungünstigen Augenblick (vielleicht kauen Sie gerade auf Ihrem Frühstücksbrötchen oder befinden sich in einer heftigen Auseinandersetzung mit Ihrem Ehepartner).
- Sie sehen Ihr Gegenüber nicht und können daher auch nicht sofort auf dessen Mimik und Gestik reagieren.
- Vielleicht müssen Sie erst die Hürde über die Sekretärin nehmen, bevor Sie zu Ihrem eigentlichen Gesprächspartner gelangen.

Stimme und Stimmung

Beim Telefonieren müssen Sie Ihre ganze Person, Ihre Autorität und Ihre Mimik und Gestik auf akustischem Weg durch das Kabel transportieren. Das ist gar nicht so einfach. Hier die wichtigsten Regeln:

- Sprechen Sie klar und deutlich!
- Vermeiden Sie lange Monologe!

- Lächeln Sie!
- Bringen Sie Abwechslung in Ihre Stimme!

Sprechen Sie klar und deutlich!

Zunächst eimal ist wichtig, dass der andere Sie klar und deutlich versteht. Sprechen Sie also nicht zu schnell und nicht zu leise, aber auch nicht zu laut, sonst wird es für Ihren Gesprächspartner schnell unangenehm, vor allem wenn Sie auch noch eine recht hohe Stimme haben.

> - Es hat sich für das Stimmvolumen als recht nützlich erwiesen, nicht im Sitzen oder gar Liegen, sondern im Stehen zu telefonieren. Sie atmen dann freier und Ihre Stimme kann sich besser entfalten. Probieren Sie es aus. ■

Den Gesprächspartner zu Wort kommen lassen

Vermeiden Sie es, zu lange am Stück zu sprechen. Geben Sie Ihrem Gesprächspartner immer wieder Gelegenheit, sich zu äußern. Seine Äußerungen sind der einzige Hinweis für Sie, ob und wie Ihre Worte bei ihm angekommen sind.

Als Faustregel am Telefon kann gelten: höchstens drei, vier Sätze, dann den anderen wieder zu Wort kommen lassen.

Bitte lächeln!

Lächeln Sie! Auch wenn Ihr Gesprächspartner Sie nicht sehen kann, kann er das Lächeln hören. Ihre Stimme bekommt gleich einen viel freundlicheren Klang und schafft eine angenehme

Atmosphäre. Umgekehrt schwingt natürlich auch Stirnrunzeln in Ihrer Stimme mit – und drückt die Stimmung!

Bringen Sie Vielfalt in Ihre Stimme!

Vermeiden Sie Monotonie. Während Sie im persönlichen Gespräch Ihre Worte durch Mimik und Gestik unterstreichen können, stehen Ihnen diese Mittel am Telefon nicht zur Verfügung. Sie müssen Ihre Worte also klanglich unterstreichen. Betonen Sie wichtige Passagen durch leichtes, aber deutliches Heben der Stimme. Machen Sie danach eine kleine Pause, um deren Wirkung zu erlauschen.

Die folgenden beiden Checklisten geben Ihnen ein paar nützliche Ratschläge zum Verhalten am Telefon an die Hand.

Checkliste: Wenn Sie selbst anrufen

■ Rufen Sie, sofern Sie nichts anderes vereinbart haben oder andere Gründe für andere Zeiten sprechen, zu den üblichen Bürozeiten und nicht gerade zur Mittagszeit an. Die beste Zeit ist zwischen 9.00 und 12.00 Uhr und zwischen 14.00 und 16.00 Uhr.
■ Melden Sie sich freundlich mit „Guten Morgen!" oder „Guten Tag!". Sprechen Sie die Person am anderen Ende der Leitung mit ihrem Namen an, wenn Sie ihn kennen.
■ Nennen Sie deutlich Ihren Namen und ggf. den Firmennamen und die Funktion, die Sie in der Firma innehaben.

- Fragen Sie, ob der Augenblick günstig ist oder Sie lieber später noch einmal anrufen sollen. Falls ein späterer Anruf erwünscht ist, fragen Sie nach einem günstigen Zeitpunkt.

- Falls Sie nicht sofort Ihren Wunsch-Gesprächspartner an der Leitung haben: Sagen Sie, mit wem Sie sprechen möchten (z. B. mit Frau Schulte), und fragen Sie, ob sie gerade frei ist.

- Falls Frau Schulte gerade nicht ans Telefon gehen kann, sagen Sie der Sekretärin (oder wer immer am Telefon ist), um was es geht, und fragen Sie, wann Frau Schulte wohl für Sie zu sprechen sein wird. Rufen Sie dann später noch einmal an.

- Wenn Ihr Gesprächspartner der Anrufbeantworter ist: Beachten Sie ebenfalls den zweiten und dritten Punkt dieser Checkliste. Nennen Sie zusätzlich Ihre Telefonnummer und den Grund, warum Sie anrufen. Falls Sie es zu einem späteren Zeitpunkt noch einmal probieren möchten, weisen Sie gleich darauf hin.

Checkliste: Wenn Sie angerufen werden

- Gehen Sie möglichst nur ans Telefon, wenn Sie sich auch in der Verfassung fühlen zu telefonieren. Also nicht,
  - wenn Sie gerade den Mund voll haben,
  - wenn Sie gerade aus dem Schlaf gerissen wurden,
  - wenn Sie gerade wütend oder ärgerlich sind,
  - wenn Sie gerade im Dauerlauf die Treppe hinaufgestürmt sind.

- Sollten Sie doch in einer der eben genannten Situationen den Hörer abgenommen haben, entschuldigen Sie sich und versprechen Sie, gleich zurückzurufen.

- Nennen Sie deutlich Ihren Namen und ggf. den Firmennamen und die Funktion, die Sie in der Firma innehaben.

- Schließen Sie eine freundliche Grußformel an. Eventuell fragen Sie auch: „Was kann ich für Sie tun?"

- Wenn sich Ihr Gesprächspartner gemeldet hat, antworten Sie etwa: „Ach, Frau Friedrich, schön dass Sie anrufen! Wie geht es Ihnen?"

- Wenn Sie gerade unter Zeitdruck stehen, unliebsame Zuhörer anwesend oder Sie schlicht im Augenblick nicht auf das Thema vorbereitet sind, sagen Sie zum Beispiel: „Hören sie, Frau Friedrich, im Augenblick ist es bei mir gerade etwas ungünstig. Kann ich Sie später zurückrufen, sagen wir, um 15.00 Uhr?"

Wenn Sie all diese Punkte beachten, sind die besten Voraussetzungen für eine telefonische Verhandlung geschaffen.

Was tun, wenn es schwierig wird?

Nicht jede Verhandlung ist von Wohlwollen auf beiden Seiten geprägt. Oft scheint Argumentieren gar nicht mehr möglich, weil der andere abblockt oder unfair wird. Hier einige Strategien, die Sie vor einem Verhandlungs-K.O. bewahren.

Den Partner aus der Reserve locken

Haben Sie auch schon einmal mit jemandem verhandelt, der sich über seine eigenen Ziele nicht klar zu sein schien oder der Ihnen aus irgendwelchen Gründen seine Absichten und Wünsche nicht übermitteln konnte?

Wenn Sie den Eindruck haben, dass sich Ihr Verhandlungspartner nicht richtig öffnet, seine Ziele und Wünsche nicht artikuliert, könnten Sie ihm mit ein paar einfachen Mitteln helfen, aus sich herauszugehen.

- Flechten Sie eine Geschichte ein. Falls Sie vermuten, dass der Partner sich nicht traut, seine Ziele offen zu nennen, erzählen Sie eine kleine Begebenheit, einen Witz oder ein Gleichnis, das zeigt, dass Offenheit gerade zur Konfliktlösung beiträgt.

Beispiel
Die beliebte Form dazu heißt: „Mein Freund Peter …" oder: „Manche fragen an dieser Stelle …" Wenn der andere dann nickt, weiß man, er hat auch diesen Einwand. Ihm war er nur noch nicht bewusst oder er wollte ihn noch nicht sagen. Der andere fühlt sich partnerschaftlich behandelt und ist eher bereit, den Nutzen, der diesen Einwand klärt, anzuhören.

- Noch fast unerforscht ist die Wirkung von Witzen auf eine gespannte Atmosphäre. Doch weiß man, dass sich alles lösen kann, wenn man die Situation überspitzt auf den Punkt und damit alle zum Lachen bringt. Allerdings müssen Sie hier aufpassen, dass Sie die Grenze zur Satire nicht überschreiten oder bei Ihrem Partner einen „empfindlichen Nerv" treffen.

- Auch durch aktives Zuhören und geschicktes Fragen können Sie versteckte Ziele und Vorbehalte bei Ihrem Verhandlungspartner heraushören. Sprechen Sie ihn dann direkt darauf an: „Ihnen wäre es recht, wenn wir uns auf … einigten, nicht wahr?" An seiner Reaktion werden Sie erkennen, ob Sie ins Schwarze getroffen haben.

Einwände in Ziele verwandeln

Eine häufige Situation ist diese: Der Verhandlungspartner teilt Ihre Ziele nicht und bringt Einwände, meist in der Form der klassischen Gesprächskiller (ab Seite 83).

Beispiel

Frau Ziese hat ein schwieriges Projekt beendet und will dafür eine Gehaltserhöhung. Die Geschäftsleitung sagt: „Eine Gehaltserhöhung bei jedem erfolgreichen Projekt sprengt unseren Rahmen. Bei uns gibt es Projektleiter, die seit Jahren erfolgreich Projekte fahren und auch nur die üblichen Gehaltszulagen erhalten!"

Selbstverständlich ist Frau Ziese enttäuscht. Was kann sie tun, um vielleicht doch noch zu ihrem Ziel zu kommen?

Wenn Sie sich in einer ähnlichen Situation wie Frau Ziese befinden, hilft ein schrittweises Vorgehen:

1 Schreiben Sie den Einwand genau auf.

2 Bauen Sie Ihren Ärger ab, indem Sie sich die Angriffs- und Fluchtantworten aufschreiben, sie aber nicht äußern.

3 Formulieren Sie eine Ich-Aussage zur Informationsge-
winnung.

4 Schließen Sie eine offene Frage an.

In unserem Beispiel könnte das wie folgt aussehen:

Einwand: Extrabezahlung für erfolgreiche Projekte gibt es nicht.		
nur angedachte Äußerung in der ersten Wut	Ich-Aussage	W-Frage
Angriff: „Unverschämt!" Flucht: „Dann gehe ich!"	„Ich möchte gern verstehen, …"	„… wie meine Leistung beurteilt und entlohnt wird."

Da die Geschäftsleitung daran interessiert ist, eine gute Mit-
arbeiterin wie Frau Ziese zu halten, wird sie auf eine solche
Frage mit Sicherheit eine in irgendeiner Weise positive Antwort geben.

Verweist sie dennoch auf die „üblichen Gehaltszulagen",
könnte Frau Ziese etwas deutlicher werden und klar stellen,
dass sie schon ein wenig mehr Motivation benötigt, wenn sie
sich weiter so ins Zeug legen soll. Wichtig ist auf jeden Fall,
dass sie sich nicht von ihrem ersten Ärger leiten lässt und aggressiv und unsachlich wird.

Checkliste: Tipps bei Einwänden

■ Behalten Sie die Zwei-Gewinner-Haltung bei, auch wenn Sie sich angegriffen oder nicht ernst genommen fühlen.
■ Holen Sie Informationen zu Zielen und Argumenten ein.
■ Finden Sie die Motive und Interessen der Gegenseite heraus.
■ Setzen Sie Fragen, Ich-Aussagen und (nicht bösartigen) Humor ein.

Wenn Ihr Verhandlungspartner blockiert

Was tun, wenn Ihr Verhandlungspartner alle Lösungen und Optionen zur weiteren Vorgehensweise abblockt. Dies könnte z. B. unter dem Mantel der Firmenpolitik oder mit Hinweis auf an anderer Stelle getätigte Versprechungen erfolgen.

Versuchen Sie in einer solchen Situation herauszubekommen,

- wie genau die Firmenpolitik aussieht,
- ob die Firmenpolitik ein wirklicher oder nur ein vorgeschobener Grund ist,
- welche Gepflogenheiten Ihrem Verhandlungsziel entgegenstehen,
- an welche konkreten Versprechungen Ihr Verhandlungspartner gebunden ist,
- durch welche Modifikationen Sie unter Berücksichtigung all dieser Punkte dennoch zu einem für beide Seiten befriedigenden Ergebnis kommen können.

Beispiel

Frau Ziese in dem obigen Beispiel könnte beispielsweise Ihr Verhandlungsziel so abwandeln, dass Sie zwei oder drei zusätzliche Urlaubstage, einen Benzinkostenzuschuss oder Ähnliches erhält.

Wenn Sie das Gefühl haben, dass die Verhandlung aus anderen Gründen stockt, können Sie Ihren Verhandlungspartner durchaus auch darauf ansprechen:

Beispiel

„Herr Kramer, ich habe das Gefühl, dass wir uns schon seit einer halben Stunde im Kreise drehen. Irgendwie habe ich auch keinen klaren Kopf mehr. Was meinen Sie, sollen wir die Verhandlung nicht vielleicht morgen in alter Frische fortsetzen? Dann haben wir auch Zeit, alles noch einmal aus verschiedenen Blickwinkeln zu überdenken. Vielleicht fällt uns ja eine gemeinsame Lösung ein."

Aus der Entfernung lässt sich das Problem besser erkennen, können die eigenen Verhandlungsziele nochmals verinnerlicht werden und über die beste Alternative nachgedacht werden.

> ■ Ist die Verhandlung auf mehrere Tage angelegt, wäre es auch denkbar, dass Sie Ihren Verhandlungspartner zur Auflockerung der Atmosphäre beispielsweise zum Essen einladen. Bei solchen Gelegenheiten ist schon oft das Eis gebrochen. ■

Schlagen Sie eine Brücke!

Bei lang anhaltenen Blockaden hat Ihr Verhandlungspartner vielleicht noch Bedenken, ist von der Lösung nicht überzeugt und versucht, Zeit zu gewinnen. Falsch wäre es, ihn zu bedrängen. Dies führt nur zum Widerstand. Als Alternative bietet sich an, eine Brücke zu schlagen.

Zum Brückenbauen müssen Sie Ihren Verhandlungspartner mit einbeziehen und seine Ideen einarbeiten. Bei Verhandlungen können Sie in eine Situation kommen, in der Sie zwei Rollen spielen müssen. Auf der einen Seite müssen Sie Ihre eigenen Interessen vertreten, auf der anderen Seite die Rolle des Vermittlers spielen. Notfalls können Sie auch einen neutralen Gutachter mit ins Boot nehmen.

So können Sie beim Brückenbau vorgehen:

- Schätzen Sie ab, wozu Ihr Verhandlungspartner bereit wäre.
- Ermitteln Sie die Gründe des Widerstandes.
- Arbeiten Sie einen Vorschlag aus, der den Widerstand berücksichtigt.
- Bitten Sie um Rückmeldung und nicht um Entscheidung (Ihr Verhandlungspartner könnte sich sonst überrumpelt fühlen, da der Vorschlag nicht von ihm kommt).
- Helfen Sie Ihrem Verhandlungspartner, das Gesicht zu wahren (z. B. keine einseitig einberufene Pressekonferenzen etc.).

Beispiel

Herrn Bader wird eine sehr wichtige Auslandsposition angeboten. Er lehnt ab. Als Begründung nennt er den Aufbau seiner eigenen Abteilung. Der Personalchef hält das für eine Ausrede, er möchte ihn gewinnen. Die Personalakten zeigen, dass Herr Bader früher sehr gern Auslandspositionen annahm. Vorsichtiges Fragen ergibt, dass er ein Haus gebaut hat und bei der derzeitigen Marktlage einen Verlust beim Verkauf fürchtet. Hier bietet sich die folgende Lösung an:

Der Personalchef bietet Hilfe bei der Suche von Mietern an und begrenzt die Dauer des Auslandsaufenthalts auf drei Jahre. Er fragt, inwieweit Herr Bader sich unter den Bedingungen für drei Jahre im Ausland entscheiden könnte.

Somit könnte die Kluft zwischen den eigenen und den Interessen des Gegners überbrückt und der tote Punkt überwunden werden.

Die eigene Macht konstruktiv einsetzen

Wenn Sie sich in einer Machtsituation befinden, setzen Sie diese Macht nicht ein, um Ihren Verhandlungspartner in die Knie zu zwingen! Öffnen Sie ihm aber die Augen. Heben Sie die Vorzüge der Einigung hervor und stellen Sie sie den Kosten des Scheiterns der Verhandlung gegenüber. Ihr Verhandlungspartner kann sich dann für die goldene Brücke oder für seine beste Alternative entscheiden.

Beispiel

1979 war Chrysler am Rande des Bankrotts. Der Präsident Lee Jacocca versuchte, den amtierenden Kongress zu einer Bürgschaft für ein Darlehen zu überreden. Um dies zu erreichen, stellte er unter anderem Fragen wie diese:

„Wäre es für dieses Land wirklich von Vorteil, wenn Chrysler zugrunde ginge und dabei die Arbeitslosenquote der USA über Nacht um ein weiteres halbes Prozent stiege?" – „ Ihr habt die Wahl. Wollt ihr gleich 2,7 Milliarden Dollar zahlen (Arbeitslosenunterstützung im ersten Jahr) oder wollt ihr für die Hälfte dieser Summe bürgen, mit der Chance, alles zurückzukriegen?"

Drohen Sie nicht, sondern warnen Sie nur. Der Unterschied liegt oft nur in der Wortwahl und im Tonfall.

- Eine Drohung ist subjektiv und feindselig.
- Eine Warnung ist objektiv und respektvoll.

Beispiel

Wenn Herr Krause sich trotz objektiver Kriterien weigert, seinen Mietvertrag im Hinblick auf notwendige Renovierungen zu erfüllen, kann der Vermieter drohen: „Das geht nicht aus, wir sehen uns vor Gericht wieder. Und die Ausfallkosten, dass ich keinen neuen Mieter nehmen kann, die zahlen Sie!"

Warnen hört sich anders an: „Gut wäre, wir einigen uns. Andernfalls wäre ich gezwungen, einen Sachverständigen hinzuzuziehen. Diese Kosten wären von der Kaution abzuziehen. Ich würde keinen Anwalt beauftragen. Doch auch das könnte auf uns zukommen. Wann könnte die Renovierung im Sinne der besprochenen Qualität abgeschlossen sein?"

Sie können auch die beste Alternative Ihres Verhandlungspartners ausschalten. Die Berliner Luftbrücke ist das herausragende Beispiel für dieses Vorgehen:

Beispiel

1948 begann die Sowjetunion mit der Blockade Berlins, um den Abzug der westlichen Truppen zu erzwingen. Nach dem Dafürhalten der Westmächte hätte der Durchbruch der Blockade den dritten Weltkrieg ausgelöst. Statt dessen entschieden sie sich für die Luftbrücke. Als Stalin erkennen musste, dass die Blockade nichts nutzte, wurde sie aufgegeben. Ohne einen Krieg zu riskieren, hatten es die Alliierten geschafft, Stalin klar zu machen, dass er sich nicht mit Gewalt durchsetzen kann. Die beste Alternative, Berlin ohne Widerstand zu besetzen, wurde den Sowjets geraubt.

Gerade bei eigener Macht ist es sinnvoll, eine dritte, neutrale Person einzuschalten, die die eigenen Argumente unterstützt. Das ist wenig Angst einflößend, sondern überzeugend.

Beispiel

Die Ehefrau eines Alkoholikers kann ihn wahrscheinlich nicht überzeugen, einen Entzug mitzumachen. Bindet sie Kinder, Verwandte, Kollegen, Vorgesetzte usw. mit ein, ist eine Einwilligung des Mannes zum Entzug wahrscheinlicher.

Selbst wenn Sie sich auf der stärkeren Seite befinden, sollten Sie Ihre Macht nicht derartig ausspielen, dass Ihr Verhandlungspartner gedemütigt und besiegt wird. Dadurch würde dessen Widerstand nur wachsen und er würde auf Rache sinnen. Jede erzwungene Lösung ist eine instabile Lösung. Ein positives Beispiel wäre das folgende:

Beispiel

Der Abteilungsleiter Heinzmann möchte einen sehr kundenfreundlichen Mitarbeiter in den Außendienst versetzen. Der Arbeitsvertrag lässt eine Versetzung ohne weiteres zu, die Bezahlung ist besser, der Betriebsrat ist einverstanden. Trotzdem fragt Herr Heinzmann zuerst einmal nach, wie interessiert der Mitarbeiter an einem Wechsel ist, bietet ihm eine Vorbereitungszeit und zusätzliche Ausbildungen an. Dadurch erfährt er, dass der Mitarbeiter nicht gern die Position wechselt, weil er befürchtet, abends keine Zeit mehr für sein Hobby Paragliding zu haben. Herr Heinzmann überzeugt den Mitarbeiter, dass er morgens oder mittags viel besser Sport treiben kann. Die Einigung ist eine Zwei-Gewinner-Lösung.

Wenn der Partner unfair wird

Doch was können Sie tun, wenn Sie es mit einem wirklich aggressiven und unfairen Verhandlungspartner zu tun haben und am liebsten davonlaufen möchten? Eine solche mangelnde Fairness kann sich in verschiedensten Formen zeigen:

- Killerphrasen,
- Ironie bis hin zum Sarkasmus,
- spöttische Blicke,
- Humor zu Lasten des Verhandlungspartners,
- Beschimpfungen,
- Drohungen.

In vielen Fällen mag Davonlaufen wirklich die beste Lösung sein. Doch gibt es durchaus auch Situationen, in denen Sie sich gut überlegen sollten, ob Sie sich nicht doch auf eine Verhandlung einlassen.

Beispiel
Sie haben eine Familie zu ernähren und nach längerer Zeit der Arbeitslosigkeit endlich eine Arbeitsstelle gefunden. Nach wenigen Wochen ruft Ihr Chef – in der Firma für seine Launen bekannt – Sie zu sich ins Büro: „Herr Müller, ich habe mir einmal angesehen, was Sie in den Wochen, in denen Sie hier sind, geleistet haben. Ich muss Ihnen ganz ehrlich sagen, ich habe mehr erwartet. Eine so schlechte Arbeit hat bisher noch keiner in der Firma sich getraut abzuliefern!"

Obwohl das deutlich unter die Gürtellinie geht und Ihr erster Impuls sicher sein wird, alles hinzuschmeißen, seien Sie besonnen und ziehen Sie die Notbremse. Das heißt nicht, dass Sie sich alles gefallen lassen sollen. Aber Sie sollen ruhig und sachlich bleiben.

Vielleicht sagen Sie einfach erst einmal überhaupt nichts und schauen Ihrem Chef nur ruhig in die Augen. Langes Schweigen kann kaum jemand ertragen. Atmen Sie gut durch, das beruhigt. Bereits nach wenigen Sekunden wird Ihr Chef wieder das Wort ergreifen, wenn auch vielleicht mit einer feindseligen Äußerung wie: „Dazu fällt Ihnen wohl nichts ein, was?"

Doch nun hatten Sie Zeit, sich zu sammeln und Ihre Gedanken zu ordnen. Sie könnten vielleicht Folgendes antworten: „Das tut mir leid, dass Sie mit meiner Arbeit nicht zufrieden sind. Können Sie mir vielleicht genauer sagen, was ich falsch gemacht habe?"

Mit der Zeit werden Sie an die Ursache des Unmuts Ihres Chefs vordringen und haben damit die Grundlage für ein sachliches Gespräch.

Die unangenehme Situation überwinden

Hier einige Tipps, wie Sie die im Augenblick sicher unangenehme Situation (und damit sich selbst) wieder so weit in den Griff bekommen können, dass Sie nicht auf dieselbe falsche Schiene geraten wie Ihr Gegenüber:

■ Versuchen Sie, sich gedanklich in eine Beobachtersituation zu bringen: Derjenige, der da beschimpft wird, sind gar nicht Sie. Es betrifft Sie überhaupt nicht. Sie sehen nur, wie unangemessen sich der Verhandlungspartner aufführt, und versuchen, sein Handeln von außen zu analysieren.

■ Atmen Sie gut durch, tief und langsam, ruhig mehrmals hintereinander.

■ Nehmen Sie eine aufrechte Haltung ein und schauen Sie Ihrem Gegenüber in die Augen.

■ Ergreifen Sie erst das Wort, wenn Sie merken, dass Sie die innere Ruhe dafür haben. Sprechen Sie in einem ruhigen und sachlichen Ton.

■ Wenn es Ihnen schwer fällt, sich zu beruhigen, verlassen Sie kurz den Raum, etwa um zur Toilette zu gehen. Die Bewegung wird Ihnen auch helfen, wieder Ruhe und Kraft zu tanken.

■ Direkte Beleidigungen übergehen Sie am besten, als seien Sie überhaupt nicht geäußert worden. Greifen Sie statt dessen das zuvor Gesagte wieder auf.

■ Wenn die Versuchung, Ihren Gesprächspartner ebenfalls zu beschimpfen, zu groß ist: Schreiben Sie die Beschimpfungen, die Sie ihm an den Kopf werfen wollen, auf ein Blatt Papier, das Sie dann nach der Sitzung entweder in tausend Stücke zerreißen oder (je nachdem, wie Sie sich fühlen) mit nach Hause nehmen und dort etwa Ihre Stehlampe mit diesen Worten konfrontieren. So lassen Sie Ihre Wut ab, ohne dass jemand davon Schaden nimmt.

Schlagfertig reagieren

In bestimmten Fällen ist es aber auch gar nicht verkehrt, schlagfertig zu reagieren, insbesondere wenn für Sie nichts Wesentliches auf dem Spiel steht. Eine solche Schlagfertigkeit kann dazu führen, dass Ihr Verhandlungspartner seine mangelnde Fairness vielleicht überhaupt erst erkennt, und sie kann, bei einem gewissen Maß an Humor, die Situation durch Lachen entspannen.

Doch wie reagiert man schlagfertig? Und wie dosiert man die zwangsläufig in der schlagfertigen Antwort enthaltene Bosheit, ohne einen dauerhaften Schaden hervorzurufen? Hier nur ein paar kurze Ratschläge:

- Übertreiben Sie nicht. Reagieren Sie der Situation angemessen.
- Werden Sie nicht unverschämt oder beleidigend.
- Vermeiden Sie Plumpheiten, Fäkalsprache und Ähnliches.
- Versuchen Sie, verbale Attacken humorvoll umzudeuten.
- Wenn Ihnen nicht gleich etwas Passendes einfällt, lassen Sie es. Sie laufen sonst leicht Gefahr, dass Ihre Antwort konstruiert und aufgesetzt wirkt.
- Vermeiden Sie, Witze und Sprüche „mit Bart" an den Mann zu bringen. Zu oft Gehörtes wirkt nicht mehr (und wenn, dann höchstens lächerlich).
- Geben Sie möglichst einfache Antworten. Wenn Sie Ihre Worte erst erklären müssen, ist die ganze Wirkung zunichte.

- Wenn Sie spüren, dass Sie zu weit gegangen sind: Nehmen Sie Ihre eigenen Worte aufs Korn, um sie zu neutralisieren.
- Seien Sie in Anwesenheit von Publikum äußerst zurückhaltend mit Ihrer Schlagfertigkeit. Es steht zu viel auf dem Spiel. Ziel kann niemals sein, dass Ihr Gegenüber sein Gesicht verliert.

Ausführliche Antworten zu diesen Fragen finden Sie im Taschenguide „Schlagfertigkeit".

Achtung, Betrüger!

Es gibt auch Verhandlungssituationen, in denen Ihrem Verhandlungspartner trotz offensichtlicher Aggression oder überzogener Forderungen keineswegs daran gelegen ist, dass Sie die Flucht ergreifen. Seien Sie auf der Hut, wenn dann plötzlich ein weiterer Vertreter der Gegenpartei erscheint und (scheinbar) Ihre Partei ergreift. Es könnte sich um ein eingespieltes Betrügerpaar handeln.

Beispiel

Sie möchten sich einen Gebrauchtwagen kaufen. Der Verkäufer zeigt Ihnen ein Fahrzeug und nennt Ihnen einen Preis, der Ihnen viel zu hoch erscheint. Nach einer entsprechenden Äußerung Ihrerseits entgegnet Ihnen Ihr Gegenüber: „Na, dann lassen Sie es halt bleiben. Mit solchen Pfennigfuchsern wie Ihnen mache ich sowieso nicht gerne Geschäfte. Die sind ja doch nur drauf aus herumzumäkeln!"

Just in diesem Augenblick erscheint ein weiterer Verkäufer und spricht den ersten an: „Sag mal, wie sprichst denn du mit unserer Kundschaft? Lange schau ich mir das nicht mehr mit an. Komm, geh ins Büro und räum den Schreibtisch auf. Dann tust du wenigstens was Nützliches!" Daraufhin wendet er sich freundlich an Sie: „Sie müssen entschuldigen. Der

Franz hat gerade erst bei uns angefangen. Aber so wie der sich aufführt, wird er sicher nicht mehr lange bleiben. Ständig schüttelt er sich irgendwelche horrenden Preise aus dem Ärmel und verärgert die Kundschaft. – Sie interessieren sich für diesen Wagen hier?"

Natürlich sind Sie im ersten Moment dankbar für die Hilfestellung und dafür, dass Sie nicht mehr mit dem Ekel verhandeln müssen. Der zweite Verkäufer hat sofort ein paar Pluspunkte bei Ihnen gesammelt und somit einen Vertrauensüberschuss. Wenn er jetzt einen Preis nennt, werden Sie diesen für akzeptabel und fair halten. Sie sind durch den Böse-gut-Kontrast völlig geblendet.

Lassen Sie sich in einer solchen Situation niemals auf ein Geschäft ein! Gönnen Sie sich einen Tag Bedenkzeit. Schauen Sie sich das Fahrzeug noch einmal ganz genau an, am besten noch unter Hinzuziehung eines Fachmanns. Erkundigen Sie sich (zum Beispiel beim ADAC) über den Preis, der für ein Fahrzeug dieses Typs und Alters akzeptabel wäre. Sind Sie dann noch immer überzeugt, unterschreiben Sie den Kaufvertrag.

Ein Ratschlag am Ende: Üben, üben, üben!

Verhandeln ist eine Kunst, die geübt werden muss. Je mehr Übung Sie haben, desto selbstsicherer und gewandter werden Sie. Nutzen Sie daher „harmlose" Alltagssituationen als Trainingsplatz:

- Verlangen Sie im Taxi nach einer Pauschale.
- Handeln Sie im Kaufhaus wegen eines minimalen Materialfehlers den Preis für die Ware herunter.

- Weigern Sie sich, im überfüllten ICE mehr zu zahlen als im Bummelzug.

- Bestehen Sie im teuren Hotel darauf, dass Sie für den Preis Ihr Frühstück selbstverständlich ans Bett gebracht bekommen.

- Bitten Sie im Supermarkt den Marktleiter, die Musik abzustellen, da Sie sich davon belästigt fühlen.

So anstrengend Ihnen dieses ständige Trainieren von Verhandlungssituationen erscheinen mag: Es lohnt sich! Probieren Sie es aus – und genießen Sie Ihren Erfolg. Viel Spaß dabei!

Literaturverzeichnis

Dommann, D.: Faire und unfaire Verhandlungstaktiken, 5. Auflage, Frankfurt am Main 1987.

Donaldson, Michael C. und Mimi: Erfolgreich verhandeln für Dummies, Bonn 1998.

Fisher, R., Ury, W., Patton, B.: Das Harvard-Konzept. Sachgerecht verhandeln – erfolgreich verhandeln, 17. Auflage, Frankfurt am Main 1999.

Harting, Wilfred: Modernes Verhandeln, Heidelberg 1995.

Ruede-Wissmann, W.: Satanische Verhandlungskunst ... und wie man sich dagegen wehrt, Bindlach 1998.

Tusche, Werner: Reden und Überzeugen. Rhetorik im Alltag, 4. Auflage, Frankfurt am Main 1998.

Ury, William I.: Schwierige Verhandlungen, Frankfurt am Main 1997.

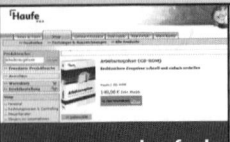